지리교육학
강의노트

Lecture Notes on Geography Education

더 깊은 앎을 통해,
더 나은 삶을 향하여,
더 나은 세상을 위하여

지리교육학
강의노트

권정화 지음

푸른길

지리는 세계와 나를 비교 지역의 관점에서 바라볼 수 있도록 도와주는 교과입니다. 우리가 어떤 지역에 대해 갖고 있는 생각과 그곳 주민이 갖고 있는 자기 지역에 대한 생각은 전혀 다른 경우가 많습니다. 지리는 이것이 어디에서 연유하며, 이러한 차이를 어떻게 인정하고 서로 공감대를 형성해 나갈 수 있는지 그 방향을 모색한다는 점에서 지역 간의 대화라고 할 수 있습니다.

지리교육학은 예비 지리 교사가 이러한 역량을 함양할 수 있는 전문성을 길러 주기 위한 학문입니다. 지리 교사에게는 지리학과 교육학이라는 두 학문의 관점이 모두 필요합니다. 즉 다문화의 시각이 필요합니다. 이것은 말처럼 쉬운 일이 아닙니다. 그래서 지리교육학은 난해해 보이고 이해하기 어렵게 느껴지기도 합니다. 이제 지리교육학을 쉽게 설명하려면 기존의 책들과는 내용 체제를 달리 구성해야 된다는 생각이 들었습니다.

『지리교육학 강의노트』는 지리교육학을 이루는 학문적 근간을 다루고 있습니다. 지리 교육은 그 내용에 있어 전통적으로 지역지리, 계통지리, 생활세계의 지리로 구분할 수 있습니다. 이는 교육학의 주요 패러다임과 통시적으로 연관 지어 설명이 가능합니다.

예를 들어 교육학자 타일러의 논리를 적용할 때 지리교육학의 주요 연구 대상은 지리 교육의 목적, 내용, 방법, 평가 등일 것입니다. 이 중에서 목적과 내용, 방법은 교육학의 패러다임의 통시적 전개에 따라 어떻게 지역지리 중심 교육, 계통지리 중심 교육, 생활세계의 지리 교육으로 구체화되는지 설명이 됩니다. 그러나 교육평가의 경우는 교육 현장의 현실과 동떨어진 채 논의되어 왔으며, 구성주의에 와서야 구체화됩니다. 교과 교육학의 모든 분야가 동시대적으로 발전되지 못했다고 볼 수 있겠습니다.

저는 지리 교육을 든든히 뒷받침하는 교육학의 주요한 패러다임이 교육심리학이라고 생각합니다. 교육심리학의 이론적 뒷받침이 없다면 어떤 교육철학도 교육 문제에 대해 현실성 있는 대안을 제시하지 못하기 때문입니다. 제2차 세계대전 이후 본격적으로 발전하게 된 교육심리학을 인지심리학과 구성주의 심리학으로 설정해 지리 교육과의 관련성을 설명해 보고자 합니다.

사실 지리교육학의 학문적 근간을 교육심리학으로만 설명하기에는 녹록지 않은 점이 있습니다. 지리 교육이 공교육 내에서 시행되기 시작할 때 교육심리학은 확고히 정립되지 못한 상황이었습니다. 20세기 초 행동주의 심리학이 미국 교육학에 큰 영향을 미칠 때에도 지리 교과와의 관련은 상대적으로 미약했습니다. 오히려 지리 교육은 당시 미국 내에서 시민성

교육의 맥락에서 그 가치를 찾으려 했던 것입니다.

근래의 포스트모더니즘의 지식에 대한 논의는 기존의 교과 교육학 중 지리교사론을 성찰하는 계기가 될 수 있다는 점에서 다루어 보았습니다. 비록 교육심리학과의 관련성은 적지만 지역지리 교육 논의에도 포스트모더니즘적 사고 틀이 유용할 수 있다고 봅니다.

지역지리학의 학문으로서의 가치는 20세기 중반 이후 논란이 있어 왔지만, 현실에서는 여전히 지역지리 교육이 중요하다고 판단됩니다. 지역지리학의 가치에 폭넓은 공감대를 형성하고 그 중요성을 뒷받침하는 학문적 논리를 견고히 세워 나가는 것은 앞으로 남은 지리교육학의 역할이 될 것입니다.

이제야 이기석 선생님께 입은 은혜를 다소나마 갚고자 합니다. 선생님께서는 날카로운 지리적 통찰력과 지칠 줄 모르는 학문적 열정으로 학계의 귀감이시기에 저의 나태함을 반성하게 됩니다. 제가 석사를 졸업할 무렵 최기엽 선생님을 만나 뵙고, 헤르만 헤세의 '유리알 유희'에 대해 대화를 나눈 이래, 선생님은 학계의 신선 같은 풍모로 학문과 인생의 모범을 보여 주셨습니다. 두 분, 학문과 인생의 스승님들께 이 책을 바칩니다.

이 정도나마 제가 정리할 수 있었던 것도 지리교육학의 학문적 체계를 정립하고자 노력해 온 선배, 동료 분들의 노력과 업적이 있었기에 가능하였습니다. 개인적으로도 참으로 많은 분들의 도움이 있어 여기까지 올 수 있었습니다. 일일이 이름을 밝혀 드리지 못하지만, 이 졸작을 통해서 다소나마 마음의 빚을 덜 수 있다면 더 바랄 것이 없겠습니다.

제 강의는 두서없이 화두만 던지고 답도 없이 방치하는 경우도 적지 않았습니다. 그 방황하던 강의를 인내로 참아 주고, 직간접적으로 저를 깨우쳐 준 모든 학생들에게 감사를 드립니다. 한희경 박사는 제 생각의 거친 원석을 가공하여 보석으로 완성해 내었고, 덕분에 이 정도라도 제 생각을 정리할 수 있었습니다. 김대훈 박사는 지리교육학의 이론적 정립을 위한 학문적 열정으로 제게 지리 교육 발전의 실천적 대안에 대해서 끊임없이 일깨워 주었습니다. 임영근 장학사는 교육학적 안목과 순발력으로 교실에 적용할 방안을 구체적으로 재현해 주어 제가 조금이나마 현장감을 지닐 수 있도록 해 주었습니다. 이 책을 보면서 우리가 함께 고민해 온 세월이 헛되지 않은 시간이었음을 확인할 수 있다면 그 이상 무슨 바람이 있을까요?

한 사람이 공부하기 위해서는 가족들의 희생이 있어야 가능하다는 말을 다시금 되새기면서, 아내 배윤진과 아이들 도훈, 나영에게 감사의 마음을 전합니다.

2015년 9월

권정화

차례

시민성 전수와 지역지리 교육

인지심리학과 계통지리 교육

프롤로그

지리 교육의 기원과 3대 전통

코메니우스와 계통지리 교육의 전통

언제부터 학교에서 지리를 가르치기 시작했을까요? 근대 지리 교육은 17세기 체코의 사상가 코메니우스(J. A. Comenius)로부터 시작합니다. 그 전에도 지리를 가르치기는 했지만, 선교사나 항해사 같은 전문가들을 양성하는 과정이었습니다. 중세의 3학 4과에는 지리가 없었지요. 학생들을 교양인으로 길러 내기 위해 지리를 가르치자고 본격적으로 주장한 사람이 바로 코메니우스입니다. 코메니우스는 왜 지리를 가르치자고 생각했을까요? 바로 무지를 깨우쳐서, 논리적 사고를 할 줄 아는 이성적 인간을 육성하기 위해서였습니다.

당시 학교는 교회였습니다. 그곳에서 사제

코메니우스(1592~1670)

들이 서민의 자녀를 집단적으로 지도하였지요. 그래서 기독교 교리와 성경 공부가 주요한 학습 내용이었으며, 모국어가 아닌 라틴 어와 그리스 어를 통해서 종교적 지식을 배우는 언어 위주의 추상적 학습이었습니다. 그런데 지리상의 발견은 서구인들의 지식관을 근본적으로 변화시킵니다. 성경에 나오지 않는 아메리카 대륙을 발견하면서부터 사람들의 생각이 바뀌기 시작합니다. 성경에 쓰인 신의 말씀보다는 내가 보고 듣고 경험한 것이 진리의 기준이라고 생각하게 된 것이지요. 그래서 코메니우스는 베이컨(F. Bacon)의 경험론과 귀납적 인식론을 도입하여 책 읽기 중심의 수업 대신 사물을 보고 듣고 만지는 감각 활동을 통해서 인식하는 실물 수업을 주창합니다.

코메니우스는 교육의 목적이 무지로부터의 해방(계몽)이라고 주장합니다. 당시까지 성직자와 귀족계급은 대학에서 신학과 철학을 공부하고, 평민들은 인문사회과학과 자연과학을 공부했습니다. 종교개혁가 코메니우스는 당시의 신분 차별을 반대하면서 모두가 동일한 지식을 배워야 한다고 주장합니다. 당시까지 농업, 광공업, 서비스업 등은 미천한 신분의 직업이어서 무가치하다고 여겨졌습니다. 그런데 코메니우스는 빵을 만드는 사람이나 목수 등 서민들의 직업에 관한 지식이야말로 실용적 지식이라고 강조하면서, 자연을 관찰하듯이 다양한 사회생활을 관찰하여 지식으로 정리합니다. 이러한 관점에서 코메니우스는 기독교 신앙과 형이상학(철학)뿐만 아니라, 자연학도 중요시하지요. 따라서 인간 이성의 위대한 산물인 지식을 편식하지 말고, 삼라만상의 모든 지식을 골고루 배워야 할 뿐 아니라, 이 모든 지식을 조직하는 논리적 골조를 아는 것이 중요하다고 생각합니다. 학생이 일단 이 틀을 습득하고 나면, 앞으로 이 뼈대에 차차 살을 붙여 나가면 되니까요. 이처럼 지식을 백과사전식으로 조직하는 틀이 바로 지리인 것입니다. 코메니우스는 이러한 생각을 구현하기 위해 아동교과서 『세계도회(Orbis Sensualium Pictus)』(1658)를 저술합니다. 이 책은 학생들이 알아야 할 백과사전식 지식을 그림을 중심으로 구성하여 당시로서는 파격적인 시도를 하였으며, 학생들이 이해하기 쉽고 재미있어 하는 교과서라는 찬사를 받았습니다.

　『세계도회』의 내용을 보면, 「지구」 항목에서 경선과 위선으로 경위도

『세계도회』에 수록된 「도시의 내부」 항목의 그림

를 표시한다고 설명합니다. 「대지」 항목에서는 높은 산과 깊은 계곡, 평평한 밭과 짙게 우거진 숲을 소개합니다. 「도시의 내부」 항목에서는 시장과 골목길이 있다고 알려 줍니다. 이러한 내용을 학습하는 것이 왜 중요할까요? 일상생활에서 경험하는 주변 현상에 대해 신화적이고 종교적인 관점에서 바라보는 비합리적 사고에서 벗어나 이성적으로 탐구하는 태도를 지니도록 하는 것이 바로 교육의 목적이라고 생각했기 때문입니다.

코메니우스의 생각은 그 후 계통지리 교육의 전통으로 정립됩니다. 어떤 점에서 그렇게 볼 수 있을까요? 국가별로 정보를 서술하는 내용이 없고, 사물과 현상을 주제별로 분류하여 서술하고 있기 때문입니다. 코메니우스가 활동하던 시기는 지식이 희소한 시대여서 지식을 축적시키는 것이 중요했습니다. 따라서 계몽사상의 상징은 백과사전입니다. 『세계도회』는 바로 백과사전식 교과서입니다. 그중 지리는 일부 항목에 불과하지만, 백과사전이라는 형식 자체가 지리와 밀접한 관련이 있습니다. 코메니우스의 『세계도회』는 세상이 하늘과 땅으로 이루어져 있음을 제시한 다음, 땅 위에 존재하는 동식물과 무생물을 서술하고, 마지막으로 인간 활동을 서술하는 형식입니다. 이 항목들은 19세기 중반 이후 계통지리학으로 발전하게 됩니다.

코메니우스가 활동하던 당시까지도 교육이란 교과서를 낭독하고 암송하는 것이었습니다. 그래서 교과서만 보면 바로 실제 수업을 알 수 있었습니다. 이와 관련하여 코메니우스는 지리 교육을 이론적으로 논의하는 데 그친 것이 아니라, 교과서를 저술하여 교육 내용을 구체적으로 제시했다는 점에서 지리 교육의 기원으로 간주할 수 있습니다.

코메니우스의 생각을 이어받아 발전시킨 사람이 영국의 경험론 철학자 로크(J. Locke)입니다. 로크는 왜 지리를 가르치자고 주장했을까요? 로크하면 '타불라 라사(Tabula Rasa)'가 떠오르지요? 사람의 생각은 백지와 같아서 교육과 경험을 통해 인간답게 성장한다는 말이지요. 로크는 영국 시민 혁명기의 인물입니다.

로크(1632~1704)

그는 왕실과 귀족들의 고귀한 혈통을 부정하고, 인간의 됨됨이는 유전적 특성보다는 후천적으로 형성된다고 주장했습니다. 이것은 곧 개인의 가능성은 교육을 통해서 얼마든지 발전될 수 있다는 것을 의미하므로 교육의 중요성을 강조한 것이지요. 로크는 감각과 경험을 통해 개념이 형성된다고 주장하면서 전통적인 교리 암송식의 교육은 교육적으로 무가치하다고 비판합니다. 그 대신 일상생활 속에서 주변 소재와 사물을 구체적으로 경험하면서 추상적인 개념을 습득해야 하는데, 지리는 바로 그 기회를 제공하는 역할을 합니다. 그래서 로크는 지리가 다른 교과 학습과 어떻게 관련되는지를 제시합니다. 그는 지리와 수학, 역사가 서로 밀접하게 관련 맺으면서 학습이 진행되어야 의미 있는 교육이 된다고 주장합니다. 예를 들면 남극과 북극, 온대와 열대 및 한대, 북회귀선과 남회귀선 등을 학습한 다음, 수학의 좌표 개념을 공부하면서 경위도 좌표를 학습하는 것입니다.

로크는 이제 좌표 개념을 적용하여 지구의 공전을 배운 다음 기하학을 학습하면 시너지 효과가 극대화된다고 주장합니다. 그는 이와 같은 방식으로 학습하면 추상적 수학 개념을 생활 속의 실례로 배울 수 있어서, 보다 고난도의 수학 학습이 가능하다고 생각했습니다. 또한 지리에서 주요 역사적 사건의 현장을 학습해 두면, 역사 학습의 토대가 된다고 생각했습니다.

코메니우스와 로크 모두 교육의 목적은 계몽이며, 무지에서 벗어나기 위해서는 중요한 지식에 대해 누구나 알고 있어야 한다고 생각했습니다. 지리는 그 중요한 지식에 속한다고 생각했지요. 아이들에게는 이 내용들이 학습하기가 힘들 수 있지만 그래도 중세 학교의 폐단이라는 교리 문답 암송보다는 흥미 있으리라고 믿었습니다. 그런데 여기에 이의를 제기한 인물이 등장합니다. 과연 누구일까요?

루소와 생활세계 지리 교육 전통

코메니우스는 누구에게나 의미 있는 보편적 지식이 존재한다고 가정했습니다. 그런데 루소(J. J. Rousseau)는 이 전제를 거부합니다. 아이들에게는 우리 동네 말고는 피부에 와 닿지 않는다는 것입니다. 세계 각국의 지명을 암기하는 것이 어른들이 보기에는 중요할지 몰라도, 아이들은 그것을 왜 배우는지 납득하기 어렵다는 것입니다. 그러니 아이들에게는 무의미하고 지루한 암기만 강요할 뿐이라고 비판합니다. 1762년 루소는 『에밀

(Émile)』을 간행하면서 지리 교육에 대한 기존의 생각을 정면으로 반박하고 새로운 시각을 제기하면서, 근대 교육 사상의 새로운 지평을 열어젖힙니다.

루소(1712~1778)

루소는 교육이란 국가와 사회가 요구하는 인간상을 구현하는 것이 아니라 자아실현의 과정이라고 주장합니다. 어린이가 성장하는 과정에서 자신을 주체적 존재로서 자각하고, 독립된 개체로서 자신의 삶을 영위해 나갈 수 있는 능력을 길러 주어야 한다는 겁니다. 이러한 목적을 실현하는 과정에서 지리적 지식은 필수적인 교육 내용으로서 가치를 지닌다고 보았습니다. 루소는 낭만주의를 바탕으로 문명사회를 비판하고 자연친화적인 태도를 주창했지요. 그는 인위적인 사회제도를 비판하면서 인간의 자연스러운 본성을 예찬하고, 이를 회복해야 한다고 주장했습니다.

루소는 이러한 생각을 바탕으로 학교를 안과 밖으로 구분 짓고 교실에서 교과서로 배우는 지식은 실생활에 쓸모가 없는 죽은 지식이라고 비판합니다. 이에 비해 교실 밖, 즉 생활 속 자연에서 배우는 지식이야말로 어린이가 독립된 개체로서 살아가는 데 필요한 지식이라고 생각합니다. 루소가 보기에, 당시 지리 교육은 아이들에게 지명만 가르쳐 주기 때문에, 그곳에 가 보고 싶다는 생각이 들지 않게 만든다고 비판합니다. 그래서 지리를 공부한 다음에도 혼자서 파리에서 생드니(Saint-Denis)까지 갈 수 있

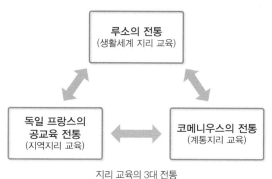

지리 교육의 3대 전통

는 아이가 한 명도 없다는 것이지요. 또 자기 아버지가 걸어 놓은 정원 안내도를 보고 정원 안의 오솔길을 헤매지 않고 나갈 수 있는 아이도 없다면서, 이것이 바로 베이징이나 멕시코가 어디에 있는지 잘 안다는 꼬마 박사들의 실정이라고 비판합니다.[1]

그래서 루소는 책이란 알지도 못하는 것에 관해서 이야기해 주는 일밖에는 가르치지 못한다고 비판하면서 자신은 책을 싫어한다고 선언합니다. 그러면서도 자연 교육에 관한 가장 훌륭한 개론이 될 수 있는 한 권의 책은 필요하다고 인정합니다. 그렇지만 그 책이란 아리스토텔레스의 저서 같은 위대한 고전이 아니라, 바로 『로빈슨 크루소』라고 주장합니다. 루소는 왜 당시 통속 소설로서 베스트셀러였던 이 소설을 추천했을까요? 루소에 따르면, 이 소설은 로빈슨의 조난에서 시작해서 그를 구출하러 오는 배가 도착하는 데에서 끝나는 것인데, 섬에서 로빈슨이 혼자 살아가는 동안만이 에밀에게 즐거움과 교육을 동시에 줄 것이기 때문이라고 주장합니다. 루소는 에밀이 이 소설에 열중해서 자기의 오두막이나 자기의 양이나 자기 밭일만 생각하기를 바란다고 하면서, 그 경우에 알아 두어야 할 모든 일을 책에서가 아니라 사물을 통해서 배웠으면 좋겠다고 주장합니다.[2]

이처럼 루소는 학교 밖에서, 바로 생활 속 자연에서 배우는 학습을 중요하게 생각합니다. 책에 나오는 지명을 암기하고, 지도 상의 위치를 기억하는 것보다는 일상생활에서 지도를 보면서 길을 찾을 수 있는 능력이 가장 중요하다는 것입니다. 『에밀』에서 그 사례를 보도록 할까요? 하루는 방위를 가르치려는데 에밀이 재미없으니까 배우지 말자고 합니다. 교사는 그러자고 합니다. 그러고는 에밀을 데리고 뒷산에 놀러 가서 에밀 몰래 도망쳐 옵니다. 산속에 혼자 남겨진 에밀은 길을 잃고 헤매면서 무서웠겠지요. 교사는 저녁 무렵이 되어 산에 가서 에밀을 찾아서 데려옵니다. 그는 에밀에게 해 그림자를 보고 방위를 찾는 법을 배웠으면 길을 잃지 않고 집까지 찾아올 수 있었을 거라고 말해 줍니다. 그러면서 이제 방위 학습을 하자고 합니다. 이처럼 루소는 야외 답사와 지도 학습을 통해서 자기 동네에서 살아가는 법을 배우는 것이 지리 교육의 기초라고 주장합니다. 그는 계통지리 중심의 교육을 정면으로 반박하면서, 생활환경 이해를 위한 동네 지리를 강조합니다. 이러한 학습이 아동의 자신감과 긍정적 정체성을 형성함으로써 자아실현의 토대가 된다고 생각했기 때문입니다.

KBS 다큐멘터리 "문명의 기억 지도" 제2부에 보면 태평양 마셜 제도의 원주민이 아들에게 지도를 읽는 법을 가르치는 장면이 나옵니다. 마셜 제도는 하와이와 오스트레일리아의 중간 지점에 위치하며, 1,150여 개의 산

호섬으로 이루어진 섬나라입니다. 이곳 원주민들은 섬과 섬을 오갈 때 카누를 타고 이동합니다. 따라서 이곳 아이들은 어려서부터 아버지에게 카누 타는 법을 배웁니다. 이들은 카누가 없으면 바다에서 살아남을 수 없습니다. 카누와 더불어 이들에게 전수된 또 하나의 삶의 도구는 지도입니다. 카누를 타고 바다에서 안전하게 항해하기 위해서는 해안선과 환초, 조류, 바람 등을 파악할 수 있는 지도가 반드시 필요했지요.

원주민 언어로는 '메토', 학계에서는 '스틱차트(Stick Chart)'라 부르는 이 전통 지도는 야자나무 가지와 작은 돌멩이, 조개껍질을 엮어서 만듭니다. 막대기는 지도의 뼈대를 이루면서 동시에 섬과 섬 사이의 바닷길을 표시합니다. 그리고 이 막대기들 위에 조개껍질과 돌멩이를 붙여 각각 섬과 환초가 있는 위치를 표시하지요. 지도의 사용법은 간단하더군요. 자신이 사는 섬을 나타내는 조개껍질에서부터 가고자 하는 섬을 나타내는 조개껍질까지 막대기가 이어지는 대로 항해하기만 하면 됩니다. 간혹 지도에서 막대기가 연결되지 않은 곳들이 있는데, 그것은 큰 파도를 만나 난파될 수 있는 위험한 곳을 뜻합니다. 항해를 하다 막대기가 끊어진 곳에 이르면 다른 길로 우회해야 하는 것이지요. 스틱차트는 거친 파도와 환초를 피해 다른 섬으로 안전하게 이동할 수 있는 바닷길을 그린 지도인 셈입니다. 광활한 바다 한가운데에서 살아남아야 했던 마셜 제도의 사람들이 만들어 낸 생존의 도구가 바로 스틱차트였기에, 아버지가 아들에게 사용법을 가르쳐 주는 바로 이러한 모습이야말로 루소가 주장한 지리 교육이라고 할 수 있습니다.

좀 더 최근의 사례를 살펴보겠습니다. 2004년 12월 26일 인도네시아의 수마트라 섬 부근 인도양에서 발생한 규모 9.0의 강진으로 인해 일어난 쓰나미를 기억하십니까? 당시 인도네시아, 태국, 인도 등 동남아시아와 남아시아 12개국에서 28만 명이 목숨을 잃었지요. 그런데 한 어린 소녀가 지리 시간에 배운 쓰나미의 징조를 보고 부모에게 이야기해서 그곳에서는 피해가 적었다는 유명한 일화가 있습니다. 10살 난 영국 초등학생 틸리 스미스(Tilly Smith)는 태국 푸껫 섬으로 가족 여행을 왔다가, 해안의 바닷물이 갑자기 밀려가고, 파도에 거품이 이는 것을 보고 지리 시간에 배운 내용이 떠올랐습니다. 그래서 부모에게 빨리 대피해야 한다고 말했고, 주위 사람들도 대피시켰다고 합니다. 지리 시간에 배운 내용을 떠올리고 대처해서 자연재해로부터 자신은 물론 많은 사람들을 지킬 수 있었던 것이지요. 이것이 바로 루소가 주장한 지리 교육의 모습입니다.

이러한 루소의 교육 이념에 큰 감화를 받아 평생 실천에 옮긴 인물이 바로 페스탈로치(J. H. Pestalozzi)입니다. 페스탈로치는 왜 교육을 중시했을까요? 그는 독실한 기독교인으로서 세상이 신의 섭리대로 움직이기를 소망했습니다. 그러기 위해서는 모든 사람들이 신의 섭리가 무엇인지 알아야 하겠지요? 신의 섭리를 어떻게 알 수 있을까요? 당시 기독교에서는 글을 배워 성경을 읽어야 신의 섭리를 알 수 있다고 생각했습니다. 그래서 글

페스탈로치(1746~1827)

을 배우지 못한 사람들은 교회의 가르침을 그대로 따라야 했지요. 그런데 페스탈로치는 이것만으로는 부족하다고 생각했습니다. 신이 자연을 창조했으므로 자연에 대한 직관적 관찰을 통해 인간 본성을 계발해야 전인 교육이 된다고 생각한 것이지요. 그가 루소로부터 영향을 받은 것은 자연의 교육적 중요성뿐만 아니라 지리는 자연을 관찰하는 학습 활동이라는 생각이었습니다.

학생의 회고담3에 따르면, 페스탈로치의 야외 답사를 통한 지리 교육은 지금 보아도 모범적인 사례입니다. 페스탈로치는 아이들을 데리고 학교 주변의 시내를 따라 작은 골짜기로 올라갑니다. 아이들에게 주변 계곡의 모습을 관찰하도록 한 다음, 가지고 간 종이에 시냇가의 진흙을 싸 가지고 학교로 돌아옵니다. 교실로 와서 아이들에게 오늘 관찰한 계곡의 모습을 만들어 보도록 합니다. 다음 날에는 같은 곳에서 좀 더 높은 곳까지 올라가서 관찰하고, 진흙을 교실로 가져와 계곡의 모습 만들기를 합니다. 이렇게 답사를 계속 진행하면서 계곡의 모습을 관찰하고 진흙으로 모형 만들기를 반복합니다. 마침내 동네 전체를 내려다볼 수 있는 언덕 정상까지 올라가고, 내려와서 진흙 모형을 완성시키게 됩니다. 그러면 비로소 지형도를 주고 등고선 읽는 법을 가르치는 것이지요.

지금까지 살펴본 페스탈로치의 수업 방법은 루소의 전통을 훌륭하게 구현하고 있습니다. 루소는 어른이 중요하게 생각하는 지리 지식과 아이가 의미 있게 느끼는 지리 지식이 다르다고 지적한 최초의 인물입니다. 즉 그는 지리적 인식에서 논리적 사고뿐만 아니라 감성적 사고도 중요하며, 따라서 지리적 지식은 주관적 성격을 지닌다는 점을 처음으로 주장한 것이지요. 이러한 루소의 생각은 페스탈로치와 칸트(I. Kant)를 통해 계승되면서, 낭만주의 교육 사조에 따라 근대 지리 교육의 싹을 틔웠지만 근대 공교육의 시작과 더불어 잊혀지고 맙니다. 왜 공교육에서 루소의 전통이 사라지게 되었을까요?

독일과 프랑스의 공교육과 지역지리 교육의 전통

지금까지 살펴본 것처럼 코메니우스와 루소의 전통이 근대 지리 교육의 전개 과정을 주도해 왔습니다. 그런데 19세기 중반에 들어서면서 갑자기 사라집니다. 무슨 일이 벌어진 것일까요? 바로 국가에서 학교를 세우기 시작한 겁니다. 이제까지는 교회나 사회복지시설에서 서민 자녀를 교육시키기 위해 학교를 운영해 왔습니다. 귀족층 자녀들은 따로 가정교사를 고용해 배웠지요. 코메니우스나 루소, 페스탈로치 모두 교육이 중요하다고 역설했지만 정치권에서는 별다른 반응이 없었습니다. 그러더니 갑자기 국가가 학교를 떠맡겠다고 나섰던 겁니다. 그런데 학교를 바라보는 생각이 달랐습니다. 어떤 차이가 있는 것일까요? 이야기는 독일에서부터 시작합니다.

19세기 초반 독일은 나폴레옹에게 정복당해 공중분해 됩니다. 이러한 치욕을 겪자 프로이센을 중심으로 민족 부흥을 위해 국가 주도하의 민족주의를 지향하는 교육제도가 등장합니다. 결국 프로이센은 부국강병 정책을 추진하면서 독일 통일을 완수합니다. 그 과정에서 국가 경쟁력을 강화하기 위해 똑똑하고 애국심을 지닌 국민을 양성하고자 근대 공교육의 기틀을 마련합니다. 1870년 프로이센은 프랑스와 격돌합니다. 프로이센은 프랑스군을 맞아 파죽지세로 격파해 버립니다. 나폴레옹에게 정복당했던 치욕을 설욕한 것이지요. 전쟁에서 승리한 후 1871년 1월 18일 베르사유 궁전에서 국호를 도이칠란트(Deutschland)로 선언합니다. 민족주의를 내세우면서 민족 통일을 추진하여 이제 그 과업을 완수했다는 의미였습니다.

당시 프랑스 군부는 우왕좌왕, 허둥지둥대다가 참담하게 대패하고 맙니다. 당시 작전용 지도를 찾다가 못 찾고 말았다는 일화가 전해질 정도입니다. 왜 프랑스는 프로이센에게 대패했을까요? 여러 가지 이유가 복합적으로 작용했을 것입니다. 그런데도 지리를 몰라서, 특히 장교들이 지리에 무식해서 프로이센에게 졌다는 여론이 광범위하게 유포됩니다. 프랑스 여론에서는 독일을 따라잡기 위해서는 프랑스도 지리를 가르쳐야 한다는 의견이 뜨겁게 달아오릅니다. 그래서 교육부 장관 쥘 시몽(Jules Simon)이 역사 수업의 절반을 지리로 가르치도록 행정 지시를 내립니다. 심지어 대학 교수에게도 역사학 강좌의 절반을 지리학으로 강의하도록 지시합니다. 역사학 교수들은 울며 겨자 먹기로 지리학 강의를 합니다.

그런데 한 사람만은 달랐습니다. 이제 막 고고학 박사를 받고 교수로 임용된 비달 드 라 블라슈(P. Vidal de la Blache)입니다. 그는 파리 고등사범학교를 수석으로 입학하고 수석으로 졸업한 재원이었습니다. 그는 프랑스가 독일을 극복하려면 지리학을 연구해야 한다고 확신합니다. 그는 이제 자신의 정체성을 지리학자로 바꾸고, 독일 지리학자들의 자연지리학 연구 성과를 소화하기 시작합니다. 그 유명한 '프랑스 역사 전집'의 제1권 『프랑스 지리도해(Tableau de la Géographie de la France)』는 바로 이러한 분위기에서 나온 걸작입니다. 『프랑스 지리도해』는 각 지역의 지역성과 지역적 다양성을 통해 프랑스는 사막 빼고는 없는 게 없다는 자부심을 느끼게 해 줍니다. 비달의 영향으로 지금도 프랑스에서는 '지리를 모르고서는 역사를 제대로 알 수 없다', '지리가 모든 역사와 사회과학의 기본이다'라고 생각합니다.

이처럼 근대 공교육 제도를 확립한 독일과 프랑스가 1871년부터 국토애를 통한 애국심 함양을 위해 국토 지리 중심의 지리 교육을 시행하면서, 다른 국가들로 확산됩니다. 공교육이란 국가가 초·중등학교의 교육을 주도하는 정책과 제도를 말합니다. 이는 교육을 제공하는 것이 정부의 가장 중요한 기능이라는 생각을 전제로 합니다. 국가(정부)에서 왜 교육을 제공해야 할까요? 국가가 발전하려면 애국심이라는 국민적 덕목을 함양할 필요가 있습니다. 그런데 이를 개인에게 맡겨 두면 제대로 함양되지 않기 때문에 국가가 나서야 한다고 생각하는 것입니다. 애국심이란 국가가 개인에게 의무로 요구하는 사항이기 때문에, 애국심을 함양하는 교육 역시 의무라고 생각하게 된 것이지요. 당시 프랑스와 독일은 성문법의 전통 속에서 중앙집권적 의사 결정 구조와 행정 체제를 지니고 있었습니다. 따라서 공교육 역시 비슷한 성격을 지니게 됩니다. 중앙정부에서 학교 운영의 원리를 상세하고 구체적으로 규정했으며, 이를 집행할 교사는 공무원 신분이었습니다. 교과별로 중단원별 시수까지 규정해 놓았기 때문에 교사 수급 관리가 가능했던 것입니다.

　그러면 독일은 왜 지리 교육을 중요하게 생각했을까요? 왜 지리를 가르치려고 했을까요? 그 해답은 독일 민족주의의 전개 과정에서 찾아야 합니다. 독일은 국민들에게 민족적 일체감을 심어 주고, 통일을 정당화시키는 국가 이념을 제시해야 했습니다. 여기서 지리는 등질 지역의 개념을 통해 독일의 영토 통일을 정당화하는 역할을 수행했습니다. 즉 통일 이전까지 존립하던 수많은 공국(제후 국가)들은 국제법상으로는 독립적인 주권국가였지만, 이는 지역의 등질성을 고려하여 설정된 것은 아니었지요. 즉 독일의 통일 과정은 게르만 문화권이라는 등질 지역에 입각하여 국경들을 조정해 가는 과정이라고 정당화, 합리화하였던 것입니다.

　한편 프랑스는 프로이센·프랑스 전쟁에서 패전하여 알자스와 로렌 지역을 상실한 사건이 지리 교육의 직접적인 계기가 됩니다. 독일에게 빼앗긴 영토를 되찾아야 한다는 영토 교육의 목표를 중심으로 국토애를 통한 애국심 고취와 국익을 위한 국제 정세 파악이 지리 교육의 목적이었습니다. 프랑스 화가 베타니에(A. Bettannier)가 1887년 그린 「검은 얼룩(La Tache noire)」이라는 그림을 보면, 수업 시간에 프랑스 괘도를 학습하는 장면이 나타나 있습니다. 이 작품을 보면 프랑스 전도에서 검은색으로 표시한, 독일에 빼앗긴 지역을 지시봉으로 짚어 가면서 영토 수복의 불타는 의지를 학생들에게 가르치는 모습이 나옵니다. 프랑스는 이 과정에서 독일

베타니에, 1887, 「검은 얼룩」

지리 교육의 전통을 수용하여 발전시켜 왔습니다.

한편 영국은 독일이나 프랑스와는 달리 코메니우스의 전통을 이어받아 민간 차원에서 시민계급의 계몽적 소양으로서 세계지리를 강조하는 방향을 추구해 왔습니다. 그러나 19세기 후반부터 독일과 프랑스의 영향을 받아 교육 목적을 국익을 중심으로 국제 정세를 파악하는 방향으로 전환합니다. 이러한 분위기 속에서 지리 교과는 공교육을 통해 확고한 위상을 차지할 수 있었지만, 지리 교육의 목적은 국가와 사회가 요구하는 인간을 육성한다는 측면만 강조하게 되었습니다.

지금까지 소개한 3대 전통은 현대 지리 교육과 어떤 관계가 있을까요?

앞서 지리 교육은 지역지리를 강조하는 입장, 계통지리를 강조하는 입장, 그리고 생활세계를 강조하는 입장 등 세 가지 관점으로 구분해 볼 수 있다고 하였지요. 여기서 지역지리를 강조하는 입장은 지금 설명한 독일과 프랑스 공교육의 전통에서부터 기원합니다. 계통지리를 강조하는 입장은 코메니우스의 전통에서부터 기원합니다. 생활세계를 강조하는 입장은 루소의 전통에서부터 기원합니다. 그러면 지역지리를 강조하는 입장부터 알아봅시다.

■ 주석

1. 루소(Rousseau, Jean Jacques, 정봉구 역), 1984, 에밀(Émile), 범우사, 177.
2. 루소(Rousseau, Jean Jacques, 정봉구 역), 1984, 에밀(Émile), 범우사, 333-334.
3. 김정환, 1974, 페스탈로찌의 생애와 사상, 박영사, 165.

제1부

시민성 전수와
지역지리 교육

Lecture Notes on Geography Education

제1장

한국 근대 지리 교육의 효시,『ᄉ민필지』

다산 정약용이 지리 문제로 과거에 급제했다는 사실을 아십니까? 조선 시대의 과거 시험에서 최종 시험문제는 임금이 직접 출제하는데, 바로 정조가 출제한 문제가 지리 내용이었고, 정약용이 수석으로 합격합니다. 이처럼 근대 이전에도 지리 교육이 존재하였습니다. 그렇지만 개화기 이전에는 지리 교육이 체계적으로 시행되지는 못하였습니다. 그러면 우리나라의 근대 지리 교육은 어떻게 시작되었을까요?

1886년 우리 정부는 서구의 교육제도를 도입하기 위해 육영공원을 설립하고 미국인 교사를 초빙합니다. 그렇게 해서 청년 헐버트(H. B. Hulbert)가 우리나라에 오게 됩니다. 그는 한국 학생들이 국제 정세에 무지하다는

것을 알고 세계지리를 가르칩니다. 헐버트는 최
신 정보를 수록한 세계지리 책이 필요하다고 생
각하여 1891년 『ㅅ민필지』를 간행합니다. 당시
우리나라는 오랜 쇄국 정책에서 벗어나 개항한
이후 중국뿐만 아니라 일본으로부터 근대 지리
지식이 도입되면서 혼란스러운 상황이었습니다.
한자식 지명 표기라도 중국식과 일본식이 서로
달랐기 때문입니다. 바로 이러한 시기에 『ㅅ민

헐버트(1863~1949)

필지』는 미국으로부터 직수입된 근대 지리 지식으로서 환영받았습니다.
그런데 헐버트는 한글로 저술하면서 새로운 지명을 미국식 발음대로 표
기합니다. 한글이 표음문자로서 우수하다는 점이 여기에서 십분 발휘됩
니다. 당시 한국 지식층에게 『ㅅ민필지』는 중화사상에서 탈피하고 일본
제국주의에 대항하는 세계관으로서 수용됩니다.

　『ㅅ민필지』는 무슨 내용을 담고 있을까요? 제1장 지구는 계통지리 내
용이지만, 나머지 부분은 제2장 유럽, 제3장 아시아, 제4장 아메리카, 제5
장 아프리카 등의 순서로 66개국을 소개하고 있습니다. 각 국가별로 위치,
지형, 기후, 산물, 인구, 정치제도, 수도, 무역, 풍속, 군대, 교육, 종교, 도
로, 식민지 등의 항목 순으로 서술하고 있지요. 지금 보면 단편적 정보의
나열이라고 비웃을 수도 있지만, 당시로서는 최신의 객관적인 정보였습
니다.

　헐버트가 생각한 교육 목적은 바로 계몽이었으며, 이 점에서 코메니우

스의 전통을 따른다고 할 수 있습니다. 그런데 『ᄉ민필지』 내용을 보면 계통지리의 분량은 1/10이 채 안 되고, 대부분이 지역지리입니다. 코메니우스의 전통이 계통지리를 강조한 것과는 차이가 있지요. 왜 그럴까요?

사실 헐버트는 기독교 선교사였습니다. 당시 미국 기독교계는 영적 구원과 과학 발전을 동일시했습니다. 계몽을 통한 문명화와 산업화는 기독교가 있어서 가능하다고 믿었습니다. 따라서 비서구 세계가 야만을 탈피하려면 기독교로의 개종과 서구화가 필연적이라고 생각합니다. 선교사들은 비서구인들에게 세계지리를 통해 세계 각 지역을 소개하면서 서구 문명의 발달 과정과 그 우수성을 은연중에 제시했습니다. 이처럼 지리를 통해 서구 문명을 소개하는 동시에 간접적으로 기독교를 선교하는 전략을 추구하면서, 영미 기독교계에서는 계몽 지리와 선교 지리가 결합되어 나타났습니다. 『ᄉ민필지』 역시 겉에 명시적으로 드러나지는 않지만 은연중에 이러한 측면이 내재되어 있습니다. 헐버트는 한국인들의 요구에 부응하기 위해 기독교적 세계관에 입각한 세계지리를 지명 사전의 형식으로 재구성한 것입니다.

『ᄉ민필지』를 교육 방법의 측면에서 보면, 학습 자료로서 지도를 강조하고 있는 점이 특징입니다. 『ᄉ민필지』에 수록된 여덟 장의 지도에는 경위선이 그려져 있고, 본문에서는 각 국가별로 경위도 좌표를 제시한 다음, 자연환경과 인간 생활을 서술하고 있습니다. 본문에 나오는 국가들을 지도에서 찾아서 참조하기 쉽도록 배려한 것이지요.

책 제목인 『ᄉ민필지』는 지식층이나 평민층 모두가 반드시 알아야 할 지식이라는 의미입니다. 그래서 헐버트는 한자가 아닌 한글로 저술하였지만, 양반층에서는 여전히 한글책 읽기를 꺼려하여 결국 이 책을 한문으로 번역하여 읽게 됩니다. 한편 일본 제국주의는 국민들의 사고에 너무 자극적이라는 이유로 이 책의 판매와 출판을 금지시킵니다. 이러한 사연을 간직한 『 스민필지』는 우리 스스로 저술한 책이 아니라는 점에서 아쉬움이 있지만, 최초의 근대 교과서이자 최초의 한글 교과서이며, 최초의 지리 교과서라는 점에서 교육사적 의의를 지니고 있습니다.

제2장

목적: 국민적 덕목으로서의 애국심과 지역지리 교육

소설 『갈매기의 꿈』을 알고 있나요? 주인공 조너선은 왜 그렇게 나는 법을 향상시키기 위해 피땀 흘려 가며 노력할까요? 기러기들에게 빼앗긴 영공을 되찾기 위해서인가요? 치열한 생존 경쟁 속에서 맛있는 먹이를 남보다 더 빨리, 더 많이 차지하기 위해서인가요? 조너선은 다른 갈매기와 달리 나는 일(비행)이 먹이를 구하기 위한 수단이 아니라, 그 자체가 가치 있는 활동이자 목적이라고 생각합니다. 그래서 나는 법 자체를 즐깁니다. 나는 것 자체를 좋아하니까 나는 법을 향상시키기 위해 노력하는 것은 당연하겠지요?

조너선이 나는 것 자체를 즐기는 것처럼 공부 그 자체를 즐기는 입장은 공부의 목적을 공부 자체라고 주장합니다. 교육을 그 자체가 목적이 되는 인간 활동이라고 생각하면, 교육 목적이 교육 안에 존재해야 합니다. 그래서 이러한 입장을 교육의 내재적 목적이라고 지칭합니다. 즉 인간이란 무엇인가를 끊임없이 배워 나가는 과정 속에 있는 존재라고 생각하는 것입니다. 이 점에서 소설 『갈매기의 꿈』은 교육의 내재적 목적을 보여 주는 좋은 사례입니다. 이러한 입장을 지리 교육에 적용하면 코메니우스의 전통에 근거하여 계통지리를 강조하는 입장이라고 해석할 수 있으며, 다음 제2부에서 자세히 살펴보겠습니다.

반면에 다른 갈매기들에게 나는 것이란 먹이를 구하기 위한 수단이었습니다. 이처럼 공부의 목적을 사회가 요구하는 인간이 되기 위해서, 또는 더 잘살기 위해서, 즉 교육의 목적을 교육이 아닌 다른 무엇이라고 생각한다면, 그 목적이란 교육 바깥에 있는 셈이며, 따라서 이런 관점에 입각한 목적을 교육의 외재적 목적이라고 합니다.

교육의 외재적 목적을 지지하는 시각은 크게 두 가지로 구분할 수 있습니다. 하나는 사회화라고 보는 입장이며, 다른 하나는 자아실현이라고 보는 입장입니다. 독일과 프랑스 공교육의 지리 전통이 전자라면, 루소의 전통은 후자라고 할 수 있습니다. 우선 교육의 목적을 사회화라고 보는 입장부터 살펴보겠습니다. 19세기 중반 프로이센은 부국강병 정책을 추진하면서 독일 통일을 완수합니다. 그 과정에서 국가 경쟁력 강화를 위해 똑똑하고 애국심을 지닌 국민을 양성하고자 공교육을 시행하여, 근대 공교육의 기틀을 마련합니다. 즉 공교육의 목적은 국가가 요구하는 인간상을 육성하는 것이었기 때문에 당시 교육정책을 국가주의라고 부릅니다. 이처럼 국가와 사회가 요구하는 인간상이 바로 시민성(citizenship)입니다. 당시 분위기를 반영하여 교육의 본질을 사회화로 규정하는 견해가 출현합니다. 바로 프랑스의 뒤르켕(E. Durkheim)의 교육관입니다.

사회화란 사회규범(집단의식)을 개인의 의식과 생활양식으로 내면화시켜 사회를 존속, 유지시키는 과정입니다. 따라서 시민성이란 사회 구성원의 자격으로서, 그 구체적 성격은 사회마다 다양하게 나타나게 됩니다. 근대 독일과 프랑스는 시민성을 '애국심을 지닌 국민'이라고 규정하면서, 애국심의 토대를 국토애라고 가정합니다. 이는 당시의 시대적 상황, 즉 국가 간의 영토 확보를 위한 갈등과 전쟁이라는 상황을 반영한 것입니다. 1870년대부터 1945년까지 시민성이란 국민적 덕목이라고 생각했습니다. 독일이 민족국가로 출현하고 오스트리아 제국이 해체되면서, 사회가 구성원에게 요구하는 자질은 국민적 덕목으로서 애국심이었습니다. 그래서 지리 교육의 목적은 국토애를 통한 애국심 함양이었고, 국토지리를 중심으로 가르쳤습니다. 이와 달리 지방자치의 전통이 강한 미국에서는 지역 주민으로서의 시민성을 토대로 한 민주 시민의 자세와 능력을 강조합니다.

최근 세계화가 급속히 진행되면서 이제 국가 소속감을 넘어 새로운 시민성이 요구되고 있습니다. 지금까지는 시사 상식을 위해 세계지리를 배워 왔지만, 보다 적극적인 교육적 차원을 강조하자는 것입니다. 즉 태도의 변화를 적극적으로 고려하자는 것이지요. 평화와 공존을 위해 인류애와 세계시민의식을 함양하자는 것이지요. 왜 인류애와 세계시민의식을 함양해야 할까요? 남이 망하면 나도 망한다는 것을 깨달아야 하기 때문입니다. 적을 살려야 나도 살 수 있다는 것을 깨달아야 하기 때문입니다. 그래서 다른 국가의 일에도 관심을 가져야 하는 상황이 되었습니다. 국경을 넘어서 전개되는 현상이 많아졌기 때문입니다. 원인과 결과가 서로 다른 곳에 존재하기 때문입니다. 어느 한 나라의 노력만으로 해결할 수 없는 문제가 많아졌기 때문입니다. 중국의 공장 굴뚝에서 배출된 대기오염 물질이 편서풍을 타고 날아와서 우리 국민의 건강을 위협하고 있는 것처럼 말이지요.

이제는 국가 정부가 나서서 모든 일을 처리하는 시대가 아닙니다. 오히려 비정부기구가 나서서 정부보다 활약하는 경우가 더 많습니다. 세계화란 인간 활동이 국경을 넘어 전개되는 양상이 광범위하게 나타나는 현상입니다. 국가 간, 정부 간의 관계가 아니라 개인, 기업, 집단 등이 국경을 넘어 광범위하게 활동을 전개하고 있습니다. 인간 활동이 국내에 국한되지 않으며, 국경 밖을 나가더라도 관광 목적이 아닌 다양한 목적으로 여행이 전개되고 있습니다. 사람들의 소속감이 하나의 국가와 민족에서 이제는 다양하게 분산되고 있습니다. 사람들은 다양한 스케일에 걸쳐 소속감을 지니게 되었지만, 아직 그에 걸맞는 책임감을 생각하지는 못하고 있습니다. 따라서 세계시민의식이란 지구 전체에 대한 소속감과 책임감을 느끼는 것입니다. 다양한 스케일에서의 시민성을 의미하는 다중 시민성이 논의되면서, 국가뿐만 아니라 로컬에서 글로벌까지 다양한 스케일에서 소속감과 책임감을 지닌 다중 시민성을 함양하는 교육을 지향하고 있습니다.

이상에서 살펴본 것처럼 시민성의 구체적 양상은 시대와 지역마다 다양하게 나타날 수 있지만 국가와 사회가 요구하는 인간상이라는 점에서는 동일합니다. 그렇다면 시민성 함양이라는 교육 목적을 달성하기 위해서 지리에서는 무슨 내용을 배워야 할까요?

제3장

내용: 국토지리와 세계지리의 교육과정

근대 독일과 프랑스의 공교육 전통은 교육의 외재적 목적을 가정하고 있습니다. 교육을 부국강병의 수단, 즉 강대국이 되기 위한 수단으로 보았습니다. 모든 국민이 애국자가 되어 정부가 요구하는 정책 방향대로 열심히 성실하게 생활할 때 강대국이 될 수 있다고 생각한 것이지요. 그러면 교육에서 지리는 왜 필요할까요? 지리를 배우면 국토애가 함양되고, 그러면 애국심이 형성된다고 믿었기 때문입니다. 19세기 후반 당시에는 영토를 중요시하여 영토 확장이 국력의 척도라고 생각했기 때문에 애국심과 국토애는 밀접한 관련을 맺고 있다고 생각한 것이지요. 프랑스는 1870년 독일에게 패전하면서 알자스, 로렌 지방을 빼앗깁니다. 그래서 지리 교육을 통해 이들 빼앗긴 영토를 되찾아야 한다는 생각을 고취시키고자 합니다. 여기서부터 근대 영토 교육이 시작됩니다. 즉 영토 교육은 영토 분쟁을 전제로 하는 것이지요.

"문명의 기억 지도"의 제4부 '지도 전쟁' 편을 보면 현재 미얀마와 태국의 국경 지대에 있는 카렌 족 난민촌(누포 난민 캠프)이 나옵니다. 카렌 족은 지난 1949년 미얀마 군사정권의 탄압에 맞서 독립국을 선언하고 정부군과 전쟁을 벌였지만, 결국 독립의 뜻을 이루지 못하고 국경 지대로 쫓겨나게 되었습니다. 현재 국경 지대에 머물고 있는 카렌 족 난민들은 약 10만 명입니다. 이들은 제대로 된 집도 짓지 못하고 교육기관이나 의료 시설의 지원도 받지 못하고 있습니다. 마을에 학교가 있기는 하지만 초등학교 수준의 교육만 겨우 이루어지고 있는 형편입니다. 마침 지리 수업 시간을 취재하였습니다. 교사는 세계지도에서 대륙들을 소개한 다음, 이렇게 말하더군요. "이 많은 국가들 중에 우리 나라는 없습니다. 우리는 슬프게도 국경선을 갖지 못한 민족입니다." 이들의 고향은 더 이상 지도 위에 존재하지 않기에 카렌 족 난민들은 자신들을 지켜 줄 국경선을 잃어버린 셈입니다. 그러면서 미얀마 지도를 칠판에 그린 다음 학생들에게 각자 떠나온 고향의 지도를 그리고 동네 모습을 설명해 보라고 합니다. 한 여자아이가 동네 지도를 보여 주면서 "우리 마을에는 하드라 강이 흐릅니다. 그리고 마을 뒤에는 바나나 과수원과 채소밭이 있었어요."라고 설명하는 장면이었습니다.[1] 일제강점기를 경험한 우리들로서는 카렌 족 난민들의 처지가 공감이 되더군요. 지도에 고향 땅을 다시 그리고 자신들의 국경선을 되찾지 않는 한, 이들은 나라 밖 국경 지대에서 위태로운 삶을 살아가야 하는 것이지요. 이처럼 영토를 민족 생존의 토대로 인식하는 데서부터 근대 지리 교육이 시작된 것입니다.

국토애를 통한 애국심 함양을 위해 국토지리를 보다 강조하면서, 당시의 교육과정은 국토지리와 세계지리라는 이분법 구도로 조직됩니다. 이는 독일 지리 교육에서 국토 통일의 정당성을 이해시키고자 한 데서 시작됩니다. 게르만 족이 여러 개의 국가들로 분열되어 있으면, 민족 발전에 걸림돌이 되고, 유럽 전체적으로도 정세가 불안해지기 때문에 독일이 통일되어야 유럽 안정에도 기여한다는 것이지요. 여기서부터 국토지리는 국민 통합을 위해 등질 지역의 개념을 학습하게 됩니다.

여러분 댁에서는 설날 떡국에 만두를 넣나요? 만두는 전혀 없이 떡만 넣는 집도 있지만, 반대로 떡은 전혀 없이 만두만 넣는 집도 있답니다. 집집마다 입맛이 달라서 그렇겠지요. 그런데 여기에는 지역적인 규칙성이 있습니다. 대체로 영남과 호남 지방에서는 만두는 전혀 없이 떡만 넣습니다. 충청과 강원, 경기 지방에서는 만두를 넣습니다. 또 남쪽에서는 작은 만두를 조금 넣지만, 북쪽으로 갈수록 만두도 커지고 개수도 많아집니다. 그러다 어디쯤부터는 떡은 전혀 없이 만두만 넣습니다. 어디일까요? 황해도 구월산 북쪽, 바로 해서정맥이 그 경계입니다. 여기서부터 북쪽으로는 떡을 넣지 않는 만둣국 문화권입니다. 만두를 넣지 않은 떡국은 백두대간과 금북정맥 이남의 문화입니다. 떡국은 쌀로 만듭니다. 그래서 논이 많은 남부 지방을 대표하는 음식인 셈입니다. 반면 북부 지방은 주로 밭농사 지

지리교육학 강의노트

대여서 밀로 만든 만두를 널리 먹었던 것이지요.[2] 이러한 음식 문화는 우리 민족이 오랜 세월 동안 국토의 자연환경에 적응하면서 형성되어 온 민속 문화여서 큰 변화 없이 지속되어 오는 것입니다. 이처럼 민족 동질성의 근간을 이루는 민속과 전통을 제대로 이해하려면 국토의 특성을 이해해야 하며, 이를 학습하는 과정에서 국토애와 민족애, 애국심이 함양된다고 생각한 것입니다.

민족마다 오랜 세월 동안 자신들이 살아온 국토의 자연환경에 적응하면서 민속 문화와 생활양식을 형성하고, 이는 큰 변화 없이 지속되어 오면서 각국의 영토를 구성하는 등질 지역이 됩니다. 이런 시각에서 미국 지리교육학자 스롤스(Z. A. Thralls)가 노르웨이를 사례로 쓴 '피오르 해안의 사람들'이라는 글을 보겠습니다.

노르웨이 사람들이 모두 피오르 해안에 살지는 않지만, 대부분 피오르 해안 기슭에 자리잡은 조그만 마을에서 성장하는 경우가 많다. 피오르는 길고 좁게 발달한 만으로 가파른 바위 절벽으로 둘러싸여 있다. 고원 지대에서 피오르 해안까지 가파른 암석 하도를 따라 흐르는 개울은 절벽 기슭을 따라 돌, 자갈, 진흙 등을 쌓아서 상당히 평탄한 삼각주를 만들어 놓는다. 이러한 삼각주와 바다나 하천이 만들어 놓은 평지 위에 피오르 해안 사람들은 작은 농장을 짓고, 평지의 돌멩이를 골라내고 여기에 정원과 과수원, 농경지를 만든다. 대개 집 위에 있는 평지가 협소하기 때문에 이것만으로는 식량의 자급자족이 불가능하다. 그래서 그들은 소, 양, 염소와 같은 가축을 사육하는데 여름철에는 피오르 해안의 가파른 경사지와 고원 꼭대기에서도 목축이 이루어진다. 가축들은 이곳에서 거의 설선 아래 지점까지 풀을 뜯어 먹는다.

농장은 대개 본채와 마굿간, 우유 저장소와 보트 창고로 구성되어 있다. 본채는 단단한 목재로 널찍하게 짓는다. 마굿간은 본채와 거의 비슷하게 짓고 깨끗하게 유지, 관리한다. 우유 저장소는 대개 삼각주나 조그만 마당을 가로질러 흐르는 작은 개울 위에 짓는데, 고원의 눈이 녹아 흘러내린 차가운 물이 우유를 시원하게 하고, 버터와 치즈를 신선하고 맛있게 해 주기 때문이다. 보트 창고는 물가 가까운 곳에 짓는다. 그래야 쉽게 배를 창고로 끌어 올리고, 강으로 끌어 내릴 수 있기 때문이다.

농장 주변의 경작 가능한 땅은 작은 것이라도 모두 작물을 재배하거나 잔디를 심는다. 집 근처 텃밭에는 곡물, 감자, 당근, 순무나 근채류, 야채 등이 재배되고 좀 더 따뜻한 곳에서는 과일, 클로버, 건초 등도 재배된다. 소들은 겨울 내내 마굿간에서 지낸다. 산록을 따라 눈이 녹자마자 소, 양, 염소 떼를 몰고 해안단구 위의 언덕에 있는 목장으로 간다. 여기서 가축들은 고원 꼭대기 눈이 다 녹을 때까지 머무른다. 가족 중에서 목동 일을 맡은 사람은 계곡 사면이나 단구 위에서 가축들을 돌보는 동안 작은 오두막에 머문다. 소들은 우유를 풍부하게 제공하고 목동들은 이것으로 우유와 치즈를 만든다. 어떤 곳에는 강한 철사로 단구 위에서 아래쪽 우유 저장소까지 연결해 놓았다. 이 철사줄을 통해서 목동들은 우유와 버터, 단구 위의 목초지에서 베어 말린 겨울 사료용 건초, 그리고 단구 사면에서 잘라 낸 나무들을 농장으로 내려보낸다. 또한 이 철사줄로 목동들은 우편물이나 식료품, 옷, 그 밖에 아래 농장에서 가져

와야 할 필수품들을 끌어 올린다.

늦봄과 초여름이 되면 고원에서부터 그 위쪽까지 눈이 녹는다. 그리고 곧 이어 고지 목장에 풀과 꽃들이 자란다. 소와 양들은 고지 계곡과 고원 목초지로 옮겨 풍성하게 잘 자란 풀과 식물들을 뜯어 먹고 포동포동 살찐다. 태양이 일찍 뜨고 늦게 지기 때문에 낮의 길이가 길어진다. 한여름이 되면 태양은 지평선 바로 아래로 지기 때문에 한밤중에도 어둡지 않다. 석양과 새벽에는 잠시 그림자 없는 빛과 고요한 평화가 조화를 이뤄 어우러진다.

목동들은 시터(saeter)라고 불리는 조그만 집에서 산다. 그들은 우유를 짜고 버터와 치즈를 만들며 나무로 여러 가지 물건을 조각한다. 가을에 눈이 내리기 시작하면 그들이 올라갈 때 했던 것처럼 가축에 풀을 뜯기면서 가축들을 몰고 산록 아래로 내려온다.

피오르 지방은 서로 고립되어 있기 때문에 각 지방은 그 자체가 거의 작은 국가와 마찬가지이다. 마을에서 마을로 이동할 때에는 물길이 열려 있으면 거의 보트를 타고 다닌다. 사람들은 주로 물가에 살며 물을 건너 이곳저곳으로 여행을 한다. 그들은 물에서 먹을 것을 많이 얻게 되는데 연어, 청어, 대구, 그 밖에 물고기들이 그것이다. 그들은 아주 어려서부터 보트 젓는 법을 배운다. 그리고 육지에서와 마찬가지로 물에서도 편안함을 느낀다. 따라서 노르웨이 인들은 바닷사람들이고 세계에서 가장 훌륭한 항해자들이며, 바다와 항구 어디에서건 빛나는 깃발을 단 그들의 배를 발견할 수 있지 않은가?[3]

위의 글은 훌륭한 사례이지만, 대부분의 교과서 내용은 다소 부정적인 측면이 있습니다. 당시의 국토지리는 민족주의와 애국심을 강조하기 위해, 국토의 상징경관(iconography)을 강조하였고, 대개는 환경결정론에 입각하여 자연환경의 긍정적 해석을 통해 자국민의 우수성을 강조했습니다. 세계지리는 이에 부수적으로 병행하여 국익 중심의 국제 정세 파악을 학습하도록 하였습니다. 따라서 세계를 주도하는 강대국 중심으로 정치경제적 관점(지정학적 관점)에서 구성되었습니다. 이러한 내용을 어떤 방법으로 가르쳐야 할까요?

지역지리 학습에서는 교육 방법으로 관찰 학습과 답사 수업이 강조되었습니다. 답사는 왜 갈까요? 관광은 '인상'을 통해 지역을 이해하지만 답사는 '관찰'을 통해 이해합니다. 인문지리와 자연지리의 개념도 이해하지만, 경관 관찰과 조사, 지도 해독 등 학습 기능도 함양합니다. 사진 촬영은 경관 자료를 수집하는 활동이지요. 그러나 사실은 하루 종일 지리만 생각하라는 교육적 의도입니다. 교실에서는 다른 교과 수업도 듣기 때문에 머릿속에서 지리와 비지리가 뒤섞여 체계화가 잘되지 않습니다. 그러나 답사 동안에는 지리만 생각하게 되고 지리 마인드를 체계화할 수 있습니다. 답사 동안 관찰하고 경험하고 설명 들은 구체적인 내용이나 지식은 잊어버려도 지리적 감각, 사고방식은 체화되고 내면화되기 때문에 답사는 지리 마인드를 기르는 가장 효율적인 학습 방법입니다.

답사 중에는 학교 밖의 생생한 땅의 모습, 경관을 마주하는 것입니다. 책 속에 박제화된 지식이 아니라 세상 속의 지리적 현상을 피부로 느끼는 것, 현장감이 중요합니다. 책은 현상을 단순화시켜서 명쾌하게 설명하지만, 실제 지리 현상은 그렇게 단순하지 않고, 이를 이해하려면 2차원의 책 내용을 머릿속에서 3차원으로 입체화시켜야 합니다. 이 과정은 머리만 써서는 작동되지 않고, 오감을 동원하여 내 생활의 일부로 녹여 내야 가능합니다. 이처럼 지리 마인드는 암묵적 지식이어서 체계적 학습이 곤란하기 때문에, 답사를 통해서 체화시키고자 하는 것입니다. 따라서 답사는 지리과의 잠재적 교육과정인 셈입니다. 모든 지리 수업을 답사를 통해서 진행하는 것은 현실적으로 불가능합니다. 그래서 지리 수업설계의 논리는 답사에서 직접 관찰하는 방법을 교실에서 간접 관찰하는 형식으로 진행했던 것입니다.

지역지리 교육은 국토애를 통한 애국심 함양을 주창하면서 시작했습니다. 그런데 국토 지리를 배우면 과연 애국심이 생길까요? 1950년대까지만 하더라도 국토애를 학습하게 되는 절차를 제시하지 못하였습니다. 가치관을 긍정적으로 변화시켜 바람직한 시민의 태도를 습득하도록 하기 위한 가치 교육 방법이 아직 개발되지 못했던 것이지요. 그래서 지역지리 교육은 별로 큰 성과를 거두지 못했습니다. 여기에서 미국 교육계는 유럽 교육학과는 다른 방향을 모색하게 됩니다.

■ 주석

1. KBS 다큐멘터리, "문명의 기억 지도", 제4부 '지도전쟁'.
2. 이 내용을 알려 준 윤희철 님에게 감사드립니다.

3. 이 글은 제주대학교 지리교육과 손명철 교수님의 번역이며, 수록을 허락해 주심에 감사드립니다. (Thralls, Zoe A., 1958, The Teaching of Geography, Appleton-Century-Crofts, 2-4. 피오르 해안의 사람들)

제4장

시민성의 형식과 미국식 교육학의 성립

20세기로 접어들면서 미국은 경제력과 군사력 면에서 세계 최강국이 됩니다. 이에 따라 유럽 문화에 대한 열등감에서 벗어나 자신감을 갖게 되지요. 이제 미국만의 학교 모델을 만들어 나갈 수 있겠다는 자신감이 생기면서, 유럽의 공교육 제도와 학교 문화의 병리학을 비판하고, 대안을 모색합니다.

유럽의 교육학은 지리, 수학, 역사 등 모학문의 지식으로 구성된 내용을 배우는 과정에서 국토애, 추리력, 민족애 등 마음의 틀이 형식으로서 습득된다고 가정하였습니다. 지리에서 국토의 자연환경, 인문 현상, 생활양식 등 내용(모학문의 지식)을 배우면 국토애와 애국심이라는 형식(마음의 틀)

이 함양된다고 생각한 것이지요. 이 마음의 형식은 그 자체로는 가르칠 수 없고, 교과 내용을 배우는 과정에서 자연스럽게 습득될 수밖에 없다고 가정하였기 때문에 교과 중심으로 학습해 왔던 것입니다.

듀이(1859~1952)

그런데 듀이(J. Dewey)는 교과의 내용을 학습하는 과정에서 마음의 형식이 자연스럽게 함양된다는 논리를 비판합니다. 교과 내용 없이 마음의 형식 그 자체를 함양할 수 있다고 주장합니다. 추론 능력, 즉 추리력을 기르기 위해서 그 어렵고 골치 아픈 미적분을 배워야 하냐는 겁니다. 차라리 셜록 홈스를 10권 읽는 것이 더 도움이 된다고 주장합니다. 지리를 배우면 인격 형성과 인성 함양에 도움이 된다고 하는데, 너무 막연하고 모호하다는 것이지요. 그렇게 해서는 교육 목적의 성취 여부를 판단하기가 어렵습니다. 그래서 보다 구체적으로 목적을 설정하자고 주장합니다. 그러면 시민성이라는 목적은 지리 교과를 통해서만 성취할 수 있는 것일까요? 지리 못지 않게 역사 교과도 중요합니다. 일반사회 역시 마찬가지입니다. 즉 시민성이라는 목적은 지리, 역사, 일반사회, 윤리 등 여러 교과들에 걸쳐 있는 셈입니다. 이처럼 특정 교과를 넘어서 여러 교과가 공유하는 교육 목적과 학습 주제를 '범교과적'이라고 합니다. 바로 사회과는 교과 내용, 즉 지리, 역사, 사회과학 등 모학문의 지식이 아니라 시민성이라는 마음의 틀 자체로 성립된 교과입니다.

타일러(1902~1994)

미국의 교육학자 타일러(R. Tyler)는 듀이의 생각을 실천에 옮겨 모학문에 근거하지 않고, 사회생활에 필요한 삶의 지혜들(형식)을 중심으로 교과 편제를 운영하는 실험 학교를 30개 중등학교와 약 180개 이상의 대학교를 대상으로 운영합니다. 바로 그 유명한 '8년 연구'로서, 1933년부터 1941년까지 8년 동안 연구하였기 때문에 그렇게 부릅니다. 타일러는 그 결과를 『교육과정과 학습지도의 기본 원리(Basic Principles of Curriculum and Instruction)』(1949)로 출판합니다. 여기에서부터 교육 내용에 대한 학문적 논의가 본격적으로 체계화되어, 교육과정론이 학문으로 정립됩니다. 그의 논리를 지리에 적용해 보면 교육의 문제란 ① 목적: 지리를 왜 배우는가? ② 내용: 무엇을 배울 것인가? ③ 방법: 어떻게 배울 것인가? 그리고 마지막으로 이 세 가지 항목들 간의 일관성을 검토, 반성하는 과정인 ④ 평가라고 제시합니다.

이러한 타일러의 논리로부터 교육평가가 교육과정의 한 단계로서 고찰되기 시작합니다. 이전까지의 시험을 치른다는 생각에서 벗어나 계획에서 반성에 이르는 단계 간의 일관성 혹은 논리적 정합성을 검토하는 과정으로 생각하기 시작합니다. 교육평가는 학습자의 성취도 평가뿐만 아니라, 교육과정이나 학습 과정에 대한 평가도 포함하는 포괄적 개념으로 전개됩니다.

한편 교과 내용 없이 마음의 형식을 그 자체로 배울 수 있다는 견해는 마음의 형식을 함양하기 위한 교육은 교과의 내용을 학습하는 것과는 다른 방법이 필요하다는 생각으로 연결됩니다. 지리 교육에서 영토 교육을 통한 국토애와 애국심 함양을 추구하지만, 실제로 학생들의 국토애와 애국심이 함양되었는지 판단하기는 곤란합니다. 마음의 형식 중에서도 가치관 함양은 지식 습득과는 다른 방식으로 교육해야 한다는 문제의식이 제기됩니다.

따라서 인지적 영역과 정의적 영역을 구분하여 각각 서로 다른 수업 방법을 모색할 필요가 있습니다. 이러한 문제의식을 받아들인다면 교육의 목표를 다른 방식으로 구체화할 필요가 있는 셈입니다. 이에 타일러의 제자 블룸(B. Bloom)의 교육목표 이원 분류학이 출현합니다. 평가할 수 있는 결과를 근거로 목표를 설정하자고 주장하면서, 추상적인 교육 목적 대신 교육목표를 구체화하자는 것이지요. 비유하자면 활을 쏘기 전에 과녁을 분명하게 설정하자는 겁니다. 블룸은 이를 위해서 교육목표 진술 방식을 내용과 형식[1]의 이원 체제로 설정하고, 형식을 인지적 영역과 정의적 영역으로 구분합니다.

블룸은 복잡성의 정도에 따라 인지적 영역을 6단계로 설정합니다. 다음 항목은 그 제자들이 최근의 성과를 수용하여 다소 수정한 것

블룸(1913~1999)

지리교육학 강의노트

(신교육목표 분류학)입니다.

① 기억(지식): 사진을 제시하였을 때 「혼일강리역대국도지도」임을 안다.

② 이해: 중국을 중앙에 크게 그린 이유는 중국이 문화적 선진국임을 나타내기 위해서라는 것을 안다.

③ 적용: 일본이 주변에 작게 그려진 이유는 일본이 문화적 후진국임을 나타내기 위해서라는 것을 안다.

④ 분석: 아메리카 대륙이 누락되어 있음을 파악하고, 제작 당시 아메리카 대륙의 존재가 알려지지 않았기 때문이라고 판단한다.

⑤ 평가: 「혼일강리역대국도지도」가 한국 지도학사에서 왜 중요한지 안다.

⑥ 창안(종합): 「혼일강리역대국도지도」는 우리가 중국 다음으로 크고 중앙에 있다는 자부심(조선 초기의 세계관)을 반영한다는 명제를 도출한다.

그다음 블룸은 가치와 태도를 수용하는 상태를 내면화의 정도에 따라 정의적 영역을 5단계로 설정합니다.

① 감수(지각): 고지도 전시회 포스터를 보고, '이런 행사가 있구나'라고 생각한다. 고지도를 관람하면서 오늘날의 지도와는 모양이 어떻게 다른지 파악한다.

② 반응(흥미): 고지도를 관람하면서 오늘날의 지도와는 왜 모양이 차이가 나는지 호기심을 갖고 이유를 따져 본다.

③ 가치화(태도): 오늘날의 지도와는 모양이 다르지만 엉터리는 아니라고 생각한다. 고지도를 통해 당시의 세계관을 살펴볼 수 있어 과거 전통 지리 사상을 연구하는 데 귀중한 자료(유물)라고 생각한다.

④ 조직화: 고지도에 반영된 전통 지리사상이 현대의 국토관 정립에 주요한 시사점을 던진다고 생각한다.

⑤ 인격화: 고지도 전시회가 열리면 만사를 제쳐 두고 관람하러 간다. 고지도 전시회가 열리면 다른 사람에게 같이 관람하러 가자고 권유한다.

참고로 블룸의 제자들의 교육목표 이원 분류학 수정판에서 가장 큰 특징은 메타인지(Metacognition)를 도입한 점입니다. 스탠퍼드대학교(Stanford University)의 플래벌(J. Flavell)은 아이의 인지 발달에서 인지에 대한 상위 인지가 중요하다는 것을 발견하고, 메타인지 논의를 전개합니다. 메타인지란 자신의 인지 활동에 대한 지식과 조절을 말합니다. 내가 무엇을 알고 모르는지에 대해 아는 것에서부터 자신이 모르는 부분을 보완하기 위한 계획과 그 계획의 실행 과정을 평가하는 것에 이르는 전반을 의미합니다. 『논어』, 「위정편 17」에 나오는 글 "아는 것은 안다고 하고 모르는 것은 모른다고 하는 것이 참으로 아는 것이다(知之爲知之 不知爲不知 是知也)."와 유사하다고 볼 수 있습니다.

블룸의 교육목표 분류학은 당시의 시대정신을 반영하고 있습니다. 타일러가 실험 학교를 운영하던 무렵, 미국에서는 공교육이 보급되면서 효율적인 대중 교육의 방법을 모색합니다. 그 과정에서 행동주의 심리학과 경

메이거(1923~)

영학의 직무 분석법이 도입되면서 블룸의 목표 분류학이 출현하게 된 것이지요. 여기서부터 미국 주류 교육학의 공학적 교육관이 성립됩니다. 메이거(R. F. Mager)는 블룸의 목표 분류학을 보다 구체화하고자, 행동주의 심리학의 연구 방법인 조작적 정의를 도입합니다. 조작적 정의란 무엇일까요? 조작적 정의는 조사하고 실험할 수 있는 방식으로 개념을 정의하는 것입니다. 마음은 눈에 보이지 않는데 어떻게 알 수 있을까요? 눈으로 볼 수 있는 행동을 통해 눈에 보이지 않는 의도(마음)를 미루어 짐작해 보는 간접적인 방식으로밖에 연구할 수 없다고 생각하여, 행동주의 심리학이 출현합니다. '사랑하다', '배부르다', '영리하다' 등을 판단하는 것은 사람들마다 주관적인데 어떻게 객관적 합의를 볼 수 있는 방식으로 연구할 수 있을까요? 의견의 합의를 도출할 수 있도록 질적 가치를 수치화시켜 양적으로 표현하자는 것입니다. '배가 고프다=위가 70% 비어 있다', '영리하다=IQ가 120 이상이다', '사랑하다=자주 만나서 행동으로 표현한다. 일주일에 5번 이상 만나고 그중 3회 이상 키스한다'처럼 말입니다.

조작적 정의를 적용해서 연구한 사례를 한 번 들어 보겠습니다. EBS 다큐 "아기성장보고서" 제2부 '아이는 과학자로 태어난다'에 보면 말 못하는 아이의 생각을 해석하는 방법이 나옵니다. 스크린이 부착된 실험 도구를 설치한 뒤 5개월된 아기를 대상으로 실험을 하는 장면입니다. 스크린을 올려 아이가 공을 볼 수 없게 만든 뒤 아이에게 공 떨어지는 소리를 들려주는 것입니다. 하지만 막대기에 공을 꽂아서 아이에게는 공이 허공에 떠 있는 것처럼 보이게 합니다. 공이 바닥에 떨어져 있을 때에는 아이가 8초 뒤 금세 고개를 돌립니다. 이 경우 아이는 이 상황에 흥미가 없다고 해석하는 것이지요. 그런데 공이 공중에 떠 있으면 20초나 보고 있습니다. 아이가 이처럼 오래 보고 있으면, 자기 생각에 위배되니까 호기심을 갖고 있다고 해석하는 것입니다. 그래서 생후 5개월 된 아이도 물건을 손에서 놓으면 땅으로 떨어진다는 사실을 알고 있으며, 중력 법칙을 깨닫고 있다고 해석하는 것입니다. 이처럼 조사하고 실험할 수 있는 방식으로 개념을 정의하는 것이 조작적 정의입니다. 이러한 조작적 정의를 수업 목표에 적용하면 어떻게 될까요?

메이거가 제시한 행동적 수업 목표가 바로 그 시도입니다. 메이거에 따르면, 행동적 수업 목표는 다음의 네 가지 요소를 포함해야 합니다. ① 학습에 참여하게 되는 학습자의 특성, ② 학습 행위가 수행되는 상황(예: 지도, 도표, 그림, 사진 등 자료를 제시하였을 때), ③ 목표에 대한 성취도 수준을 평가할 수 있는 학습 결과(목표가 달성되었음을 알아볼 수 있는 행위), ④ 학업 성취를 평가하기 위해 사용될 준거나 기준(예: 측정상의 허용 오차) 등입니다. 예를 들면 다음과 같습니다. '① 고등학교 1학년 학생들은, ② 흑백 사진을 제시하였을 때, 지도의 윤곽을 보고, ③ 이 지도의 명칭이 「혼일강리역대국도지도」라고 대답한다. ④ 오차 범위는 혼일강리도라는 말이 들어

가면 맞는 것으로 인정하며, 국도역대라고 해도 정답으로 인정한다' 등입니다.

또 다른 예를 들어 보면 다음과 같습니다. '① 고등학교 1학년 학생들은, ② 1:50,000 청주 도폭에서, ③ 전월산에서부터 부모산까지의 지형 기복을 나타내기 위해 수평적으로는 1:50,000의 축척으로, 수직적으로는 100m를 2mm로 축소하여, ④ 단면도를 그린다. ⑤ 오차 범위는 수직적 단면도 모습에서는 세 군데의 부정확성이 허용되나 수평적인 모습에서는 한 군데의 부정확성도 허용되지 않는다' 등입니다.

스키너(1904~1990)

위에서 소개한 메이거의 행동적 수업 목표는 미국 주류 교육학의 공학적 전통의 가장 대표적인 사례입니다. 당시 스키너(B. F. Skinner)는 학습을 자극과 반응으로 설명하여 행동주의 학습 이론을 체계화하였습니다. 교육심리학자 가녜(R. M. Gagné)는 행동주의 학습이론을 집대성하여 위계학습이론을 정립하고, 이를 수업 이론으로 재구성합니다. 이러한 과정을 거치면서 행동주의와 공학적 전통은 미국 교육학의 확고한 전통으로 정립됩니다.

이러한 분위기에서 블룸은 목표 분류학에서 인지적 영역을 위계별로 설정했지만, 학생들의 수준을 저차 단계인 지식에서 벗어나 고차 단계인 적용이나 종합, 평가 등으로 향상시킬 방안을 제시하지는 못했습니다. 왜 그

랬을까요? 학생들에게 고차적 사고를 습득시키려면 모학문의 탐구 논리를 가르쳐야 하는데, 이에 대한 연구가 부족했기 때문입니다. 지리의 경우, 과연 모학문의 탐구 논리란 무엇일까요?

___

■ 주석

1. 블룸은 행동이라고 표현했지만, 독자들의 이해를 돕기 위해 형식으로 바꾸었습니다.

제5장

지역지리 교육의 새로운 방향

　제2차 세계대전 이후 국토애를 통한 애국심 함양이나 국익 중심의 국제 정세 파악이라는 지역지리의 목표에 대한 비판이 제기되면서, 지리 교육의 위상이 약화됩니다. 지리 교과는 역사 교과와 더불어 다른 국가를 비하하고 맹목적 애국심을 주입하여, 국가 간의 경쟁심을 조성하면서 전쟁의 근원이 되었다고 비판받습니다.

　유네스코는 세계평화를 위한 국제이해 교육으로 방향을 전환하도록 권고합니다. 과거 세계지리는 국토지리에 부수적으로 병행하여 국익 중심의 국제 정세 파악을 학습하는 교과였습니다. 따라서 세계를 주도하는 강대국 중심으로 정치경제적 관점(지정학적 관점)에서 구성되었지요. 스카프

(N. Scarfe)는 국제이해 교육을 위한 세계지리를 주창합니다. 객관적인 지역 현상 탐구를 통해 지역 간 상호의존성을 이해하면 협력하려는 태도가 함양된다고 생각하여, 이해심과 관용적 태도 형성을 지리 교육의 목적으로 제시하였습니다.

그러나 국제이해를 추구하는 지역지리 교육도 가치 교육의 미발달로 큰 성과를 거두지는 못합니다. 국제이해 교육을 위한 방향으로 지리 교육의 목적은 전환되었지만, 이해심과 관용적 태도, 국제 협력의 자세를 학습하게 되는 절차적 지식을 제시하지 못한 채, 지역지리 중심의 내용을 여전히 유지하고 있었기 때문입니다. 그 결과 세계 각지의 지리 정보와 사실에 대한 단순 암기 같은 저차적 사고만을 함양할 뿐 인과관계 파악과 같은 고차적 사고를 함양하지는 못한다고 비판받습니다. 그렇다면 어떻게 해야 고차 사고력을 함양할 수 있을까요?

지역지리를 학습하여 고차 사고력이 함양되도록 하기 위해서는 지역지리의 학문적 성격을 강화해야 합니다. 기존의 지역지리는 지역을 구성하는 인문, 자연 요소들이 종합되어 지역성을 구현한다고 주장하면서도 막상 요소들만 열거하다 그친다는 비판을 받았습니다. 기존의 지역지리는 시사 상식의 측면이 강해서 개념과 이론이 결핍되어 있었습니다. 지리학계에서 지난 30여 년 동안 연구한 성과에 따르면, 지역의 고유성이 반영된 인문지리가 바로 새로운 지역지리입니다. 이러한 모학문의 학문적 성과를 지리 교육에 도입하기 위해서는 세계화의 주체와 요인들, 영향과 그 프로세스를 학습하는 방향으로 전환해야 합니다. 세계를 구성 요소별로 분해하여 지역별로 학습하지 말고, 세계를 이해할 수 있는 안목을 학습하자는 것이지요. 이를 위해서는 국가를 탈피하여 다양한 스케일에서 지역을 이해할 뿐만 아니라 동일한 스케일에서도 여러 지표들로 지역을 설정하고 파악하는 작업이 필요합니다.

그러나 학생들의 인지 수준에 맞추어 학습 내용을 구상하려면 중간 단계의 수준이 필요합니다. 그래서 주제 중심의 지역 지리 방향으로 전환하게 됩니다. 인문 현상과 자연 현상들이 영향을 주고받는 방식이 지역마다 다르기 때문에 다양한 현상들의 분포도를 중첩시켜서 등질 지역을 설정하기는 상당히 힘듭니다. 그렇다면 차라리 그보다는 관련 깊은 현상들을 중심으로 지역성을 파악하자는 것이지요. 인도를 학습하는 경우는 인구와 식량이 중요한 주제이지만 미국을 학습하는 경우에는 사소한 주제가 되는 것처럼 말입니다. 아울러 학습 과정을 강조한 지역지리 내용을 구상하는 것도 중요합니다. 사고력이나 문해력, 창의성 함양을 위한 학습 활동을 통해 지역을 파악하는 것이지요. 또는 모의 유엔 회의나 공청회 등을 통해 지역 현안을 파악하고 해결책을 제시하여 도움을 줄 수 있는 방안을 찾아보는 활동을 통해서 지역을 이해하는 것입니다. 하지만 주제 중심의 방향과 학습 활동 강조의 방향은 학문적 성격이 다소 미약하기 때문에, 장기적으로는 세계화의 프로세스를 학습하는 방향을 모색해야 합니다.

지금까지 설명한 내용은 전 세계적인 동향입니다. 그러나 우리의 상황은 다소 차이가 납니다. 서구에서는 제2차 세계대전 이후 영토 교육이 퇴조하였지만, 최근 동아시아에서는 영토 갈등이 고조되면서, 특히 한일 양국은 독도 교육, 동해 교육 등 영토 교육을 강화하고 있습니다. 영토 교육과 더불어 통일 교육을 위해서도 국토지리 교육이 중요시되고 있습니다. 북한의 지리 교육을 이해하고, 나아가 통일에 대비한 남북한 공동 교과서 개발의 방향도 고민해야 할 때입니다.

제2부

인지심리학과
계통지리 교육

Lecture Notes on Geography Education

제6장

인지심리학 도입의 배경

지금까지 지리를 배우면 국토애를 통해 애국심이 생긴다는 입장을 중심으로 논의해 왔습니다. 이런 입장은 교육 자체는 목적이 아니라 사회화를 위한 수단이라고 간주한다는 점에서는 다소 부정적인 성격을 지니고 있습니다. 예를 들어 공교육을 통해 경제성장이나 민주화를 추구한다고 생각해 봅시다. 경제가 성장하고 나면 교육이 필요 없게 되는 셈입니다. 민주화가 되고 나면 학교가 문을 닫아야 하는 셈이지요. 교육이 중요하다고 주장하기 위해서 경제성장이나 민주화를 내세웠는데, 사회가 발전하고 나면 교육이 쓸모없는 것으로 간주될 수 있다는 것입니다.

영국의 교육철학자 피터스(R. S. Peters)는 바로 이런 문제점을 지적하고 나섭니다. 그래서 교육의 목적을 교육 자체라고 주장합니다. 앞에서도 이야기했듯이 이러한 생각을 교육의 내재적 목적이라고 합니다. 피터스는 인간이란 무엇인가를 끊임없이 배워 나가는 과정 속에 있는 존재이며, 그 공부할 대상 가운데에서 가장 고귀한 것이 학문이라고 생각합니다. 그는 19세기 중반 이래 교육의 외재

피터스(1919~2011)

적 목적이 지나치게 공교육을 지배하던 상황에서 벗어나 여기에 오염되지 않은 순수 학문을 배워야 한다고 주장합니다. 이러한 입장은 기원을 거슬러 올라가면 코메니우스의 전통까지 연결됩니다. 교육의 본질이란 무지로부터 벗어나는 것, 곧 계몽이라고 믿는 코메니우스의 전통은 사회가 발전하고 지식이 복잡해지면서 단어 암기식 구식 교육이라고 비판받습니다. 명사를 암기한다고 사물에 대한 개념적 이해가 생기는 것은 아니라는 것이지요. 그렇다면 유식한 상태는 어떤 모습일까요? 학생들을 이러한 상태로 변화시키려면 어떻게 가르쳐야 할까요? 바로 이 질문에 답하면서 인지심리학이 주목을 받습니다.

　인지심리학은 행동주의와는 달리 인간만의 고유한 특성인 인식(사고와 인지) 과정을 탐구하고자 합니다. 인지심리학은 인간이 지각과 개념을 통해 인지 구조를 형성하는 과정을 연구합니다. 피아제(J. Piaget)는 아동 인지발달단계를 연구하여 인지심리학의 선구적 업적을 제시했습니다. 영어

피아제(1896~1980)

브루너(1915~)

권에서 인지심리학이 정립되는 과정에서는 브루너(J. S. Bruner)가 체계를 정립했습니다. 피아제는 아이와 어른의 인지 구조의 차이를 주목한 반면, 브루너는 일반인과 전문가의 인지 구조의 차이를 연구하였습니다.

피아제는 학습의 메커니즘을 인지 구조(스키마)가 평형을 이루기 위한 과정으로 설명합니다. 새로운 정보는 인지 구조에서 여과되면서 기억과 망각이 발생하는데, 이 과정을 '동화'라고 부릅니다. 그런데 인지 구조가 새로운 정보에 적응하기 힘든 상황이 되면, 기존의 인지 구조를 폐기하고 새로운 인지 구조를 창출하는데, 이 과정이 바로 '조절'입니다. 이처럼 피아제는 학습의 과정을 동식물의 신진대사에 비유하여, 동화와 조절로 설명합니다.

피아제는 성인과 아동의 인지 구조에 질적 차이가 존재한다고 주장하며 인지발달단계 이론을 정립합니다. 학습 과정을 유기체에 비유해 동화와 조절로 설명했듯이, 인지발달단계도 알-애벌레-번데기-나비처럼 질적으로 다른 인지발달단계를 거치면서 성인이 된다고 주장합니다. 이러한 인지 구조의 질적 차이는 바로 조작 능력의 여부에서 기인하는데, 조작이란 지식과 정보를 처리하는 절차에 대한 논리적 사고를 말합니다. 피아제는 인지발달단계를 전조작기, 구체적 조작기, 형식적 조작기의 세 단계로 구분합니다. 전조작기는 논리적 사고가 정립되기 이전의 상태이고, 구체적 조작기는 논리적 사고가 발달하기 시작하여 귀납적 사고는 할 수 있지만, 추상화 능력은 결여된 수준입니다. 형식적 조작기는 추상적 사고와 연역적 사고를 할 수 있는 수준입니다.

구체적 조작기와 형식적 조작기를 구분하는 것이 왜 중요할까요? 초등학교 교사 한 분이 수업이 힘들다고 하소연한 적이 있습니다. 교사용 지도서를 보면 탐구 수업은 가설 설정부터 시작한다고 나옵니다. 그런데 막상 적용해 보니 아무리 가르쳐도 학생들이 가설을 만들지 못한다는 겁니다.[1] 그 교사가 무능한 것일까요? 아니면 학생들이 부진아인가요? 왜 그럴까요? 애벌레 보고 날아 보라고 하니까 안 되지요. 피아제 이론에 따르면 초등학생들은 대개 구체적 조작기이어서 연역적인 사고가 불가능하고, 따라서 가설 설정도 불가능합니다. 애초에 교사가 자신의 무능력을 탓할 필요도 없고, 학생들을 탓할 필요도 없는 것이지요.

그러면 이러한 인지발달단계가 지리 학습에서는 어떻게 나타나는지 알아보겠습니다. 형식적 조작기에 해당하는 런던의 12세 중학생들에게 가상 지역의 지형도를 제시한 다음, 댐을 건설하는 데 최적 입지를 찾아보도록 질문해 보았습니다. 그 결과 학생들은 여러 개의 변수를 동시에 고려해야 하는 복잡한 상황을 이해하지 못하는 것으로 나타났습니다. 첫째, 저수량이 많으려면 집수 면적이 넓어야 하고, 둘째, 댐 길이가 가능한 한 짧게 건설되어야 하고, 셋째, 철도나 도시가 수몰되지 않아야 한다는 세 가지

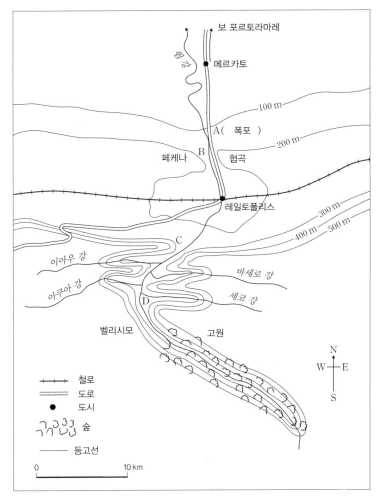

보 포르토라마레

메르카토

100 m

A(폭포)

B

200 m

페케나

협곡

레일토폴리스

300 m

C

400 m

500 m

이아우 강

바세로 강

아쿠아 강

세코 강

D

벨리시모

고원

N
W E
S

철로
도로
도시
숲
등고선

0   10 km

댐 건설의 최적 입지를 선정하는 과제의 지형도(가상 지역)

조건을 동시에 고려하지 못하고 한두 개의 조건만을 고려하는 것으로 나
타났습니다.

또 다른 사례는 영국 학생들에게 일본의 한 농촌 지역 지도를 제시한 다음, 농민 A는 마을 안에 살고 있지만 농토는 8군데 흩어져 있는데, 그 이유가 무엇일지 물어보았습니다. 그 결과 다음처럼 나타났습니다. 1단계: '가게나 친구들과 가까이 있고 싶어서'라고 답하였습니다. 2단계: '크지만 하나로 된 토지보다는 작지만 여기저기 흩어져 있는 작은 필지들을 선호해서'라고 답하였습니다. 3단계: '자기 집 주변에 농토를 갖고 싶지만, 이미 다른 사람들이 차지하고 있어 불가능하기 때문에'라고 답하였습니다. 4단계: '벼를 재배하려면 물이 필요한데, 논은 집에서 떨어진 강 근처에 위치하기 때문에'라고 답하였습니다. 5단계: '자기가 가질 수 있는 농토를 차지해야 하기 때문에'라고 답하였습니다. 관개수로 근처에 두 곳 있지만, 건조한 토지도 한 곳을 소유하고 있는데, 이 땅은 채소와 뽕나무 외에는 재배할 수 없기 때문에 이들 작물을 재배한다는 것입니다. 6단계: '비옥한 토양을 희생시키지 않고, 토지 생산성을 잃지 않기 위해 가장 좋은 땅에는 작물을 재배하고, 가장 척박한 곳에 집을 짓는데, 척박한 땅은 한곳에 몰려 있기 때문에 그곳에 모여 마을을 이룬다'고 답하였습니다. 이러한 사례들을 통해서 볼 때, 일반적인 인지발달단계에서 형식적 조작기에 접어든 중학생이라고 해도 구체적인 지리 학습의 사례를 적용하면 예상보다 인지 수준이 낮은 것으로 나타났습니다.

한편 피아제는 공간 인지가 지리와 수학에서 중요할 뿐 아니라 세계와 자연을 이해하는 데에도 필수적인 부분이라고 생각하여 공간 인지발달단계론도 제시하였습니다. 지도를 읽는다는 것은 인지 구조가 성숙한 성

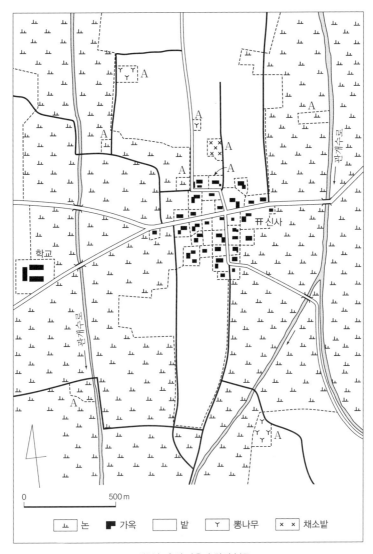

학교

卍 신사

관개수로

관개수로

A

A

A

A

A

A

A

A

A

A

0   500 m

| 논 | ■ 가옥 | 밭 | Y 뽕나무 | ×× 채소밭 |

일본 농촌의 가옥과 경지 분포

인에게도 쉽지 않은 학습 과제입니다. 하물며 인지 구조가 미성숙한 아동에게는 상당히 고난도의 학습 과제입니다. 우리가 사용하는 지도는 평면도로서 유클리드 기하학을 전제로 하여 작성된 것입니다. 피아제는 아동이 유클리드 기하학을 이해하려면 인지 구조가 상당히 발달해 있어야 한다고 생각합니다. 유클리드 기하학은 절대적 공간의 좌표를 통해 제3자의 시점에서 객관적으로 공간을 파악하는 관점입니다. 그런데 아동기의 특징은 모든 것을 자기 입장에서 주관적으로 생각한다는 것입니다.

피아제는 세 개의 산봉우리 모형 앞에 인형을 놓은 다음, 아동들에게 인형의 위치에서 무엇이 보일지 질문하였습니다. 어린 아동들일수록 자기 시점에서 본 것과 인형의 시점에서 본 것이 같다고 생각했습니다. 피아제는 이러한 현상을 '자기중심성'이라고 부릅니다. 다른 사람의 시점에서 생각하기 힘들다는 것입니다. 원뿔을 예로 들자면, 위에서 볼 때에는 원이지만 옆에서 볼 때 삼각형이라는 것을 이해하기 힘들다는 것입니다.

그래서 7세 이전의 아동은 동네 지도를 그릴 때 자기 집을 중심으로 자기가 다니는 학교나 교회, 친구 집 등을 주로 그린다는 것입니다. 이 시기에는 추상적 사고가 발달하기 전이므로 기호와 범례를 이용하지 못하고, 가옥을 입면도로 그려서 시각적으로 유사한 아이콘(영상)으로 표현합니다. 또한 공간 지각과 개념도 발달하지 못해 아동들의 지도에는 자기에게 중요한 집들만을 여기저기 그린 다음 선으로 연결해 놓은 경우가 대부분입니다. 도면의 방위 표시(정향)라든지, 축척에 대한 생각은 거의 하지 못하며, 각 건물의 방향과 거리도 안중에 없는 것이지요.

이와 유사한 것으로 지하철 노선도를 생각해 볼 수 있습니다. 여기서는 역들 간의 순서만 고려하기 때문에, 거리나 방향은 무시됩니다. 실제 위치가 무시되기 때문에 도면의 방위나 축척도 무시되지요. 이처럼 점들 간의 관계를 중심으로 연구하는 기하학 분야를 위상기하학이라고 합니다. 이 점에 착상해서 피아제는 아동들이 그린 이러한 지도에 나타난 특징이 위상기하학과 유사하다고 판단하여 '위상학적 단계'라고 이름 붙입니다.

이제 피아제의 설명에 따라 공간 인지발달단계의 두 번째 단계를 보겠습니다. 여기서 특징적인 것은 도로변의 집과 나무들이 좌우로 누워 있는 모습입니다. 1단계(위상학적 단계)처럼 아이콘으로 그린 집과 나무들이 상하좌우로 그려져 있어 좀 우스꽝스럽지요. 동서남북 방향처럼 여러 시점

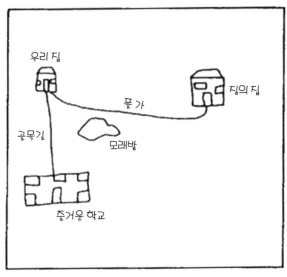

위상학적 단계 아동의 심상 지도

에서 본 집이나 나무 모습을 하나의 도면에 합성시켜 놓았기 때문에 우스꽝스럽게 보이는 것입니다. 도로는 평면도로 그리면서 건물은 입면도(아이콘)로 그린 것이지요.

우리가 일반적으로 사용하는 지도는 평면도로서 공중에서 조망한 것이지요. 그러나 두 번째 단계의 지도에서는 시점이 하나로 통일되어 있지 않다는 특징을 보이는데, 이를 어렵게 표현하자면 조망적 관점이 발달하지 않았다고 말합니다.

이 시기의 아동이 여러 시점을 하나의 도면에 합성해서 표현하는 이유는 무엇일까요? 그것은 3차원을 2차원에 표현하려는 시도에서 비롯된 것입니다. 모식도에서 보면 비행기도 그려져 있는데, 공중이라는 입체적 차원을 표현하고 싶기 때문입니다. 그런데 표현 방법을 모르고 있는 것이지요. 이 단계는 지도 투영법이 표현하고자 하는 것과 유사하기 때문에 '투영적 단계'라고 부릅니다.

자기중심성에서 탈피하여 탈중심화가 진행되면서 여러 시점을 고려하게 됩니다. 그래서 각 지점들을 도면 어디에 배치할지를 생각하게 되지요. 이러한 점에서 좌표 체계에 대한 개념이 부분적으로 형성되었다고 볼 수 있습니다. 그래서 방위를 고려하게 되고, 방향도 비교적 정확해집니다. 그러나 수학에서 비율 개념이 발달하지 못해 거리를 정확히 표현하지 못하고 축척도 부정확합니다.

마지막 단계는 (성인 수준의) 유클리드 기하학을 이해하고 있는 단계입니다. 추상적 좌표 체계와 위계적으로 통합된 지도로서 정확하고 상세합

투영적 단계 아동의 심상 지도

니다. 기호에서도 영상적인 것은 사라지고, 추상적인 형태가 되므로 범례를 작성하게 됩니다. 방향, 방위, 거리, 형태, 크기, 축척 등이 대체로 정확해지고 평면도 형식의 지도를 표현할 줄 아는 단계입니다.

지금까지 논의한 아동들의 인지발달단계 이론은 연령별로 학생이 노력해도 이해할 수 없는 지도 학습 내용이 있음을 시사합니다. 지도 학습은 수학, 미술과 연계된 고난도 학습이기 때문입니다. 그래서 연령별로 지도 학습 과제를 적절하게 제시해야 합니다. 예를 들어 등고선이 표현된 1:50,000 기본도(지형도)는 중학교 이후에 학습해야 한다는 것이지요. 이러한 연구들은 심리학에서 공간 인지와 지도 학습에 대한 연구가 활성화

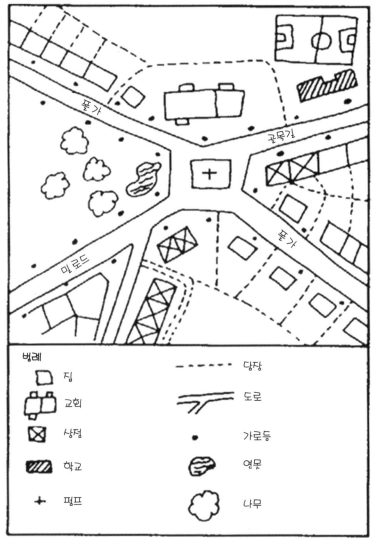

유클리드 단계 아동의 심상 지도

지리교육학 강의노트

되는 계기가 되었습니다. 1960년대 지리교육학자 발친(W. Balchin)은 지도와 사진, 그래프 등 시각 정보를 읽고 해석하는 능력이 읽고 쓰는 능력만큼 중요하다고 주장하며, 이러한 능력을 도해력(graphicacy)이라고 이름 붙입니다. 이 도해력이야말로 지리 교과가 특히 공헌할 수 있는 고유한 영역으로서 갈수록 주목받고 있습니다.

그런데 피아제에 따르면, 아동들이 형식적 조작기 단계에 접어드는 중학생부터는 성인과 동일한 사고가 가능합니다. 그러면 중학생과 대학생을 구분 없이 똑같은 내용을 가르쳐도 된다는 말일까요? 이에 대한 답은 바로 브루너가 제시합니다. 형식적 조작기에는 일반인(초보)과 전문가(숙달)의 차이만 존재합니다. 브루너는 일반인과 전문가의 인지 구조 차이에 주목하여 그 차이가 무엇인지를 밝혀냈습니다. 과연 그 차이란 무엇일까요?

■ 주석

1. 대구교육대학교 송언근 교수님에게 전해 들은 이야기입니다.

제7장

목적: 지식 구조에 따른 인지 구조의 형성

1959년 9월 매사추세츠의 케이프코드(Cape Cod) 근처 우즈홀(Woods Hole)에서 35명의 전문가들이 모여 미국 교육의 방향에 대한 논의를 합니다. 이 난상 토론에서 최후의 승자로 남은 사람이 바로 브루너입니다. 그 논의 결과를 정리한 책이 바로 브루너의 저서 『교육의 과정(The Process of Education)』입니다. 여기에 보면 당시 하버드 대학교의 인지문제연구소에서 실시한 실험 연구를 소개하고 있습니다. 이 수업에서는 6학년 학생들에게 지명이 없는 미국 북중부 지역의 지도를 보여 주었습니다. 여기에는 산맥과 하천 같은 자연지리적 사항과 자원 분포만 표시해 두고 학생들에게 어디에 도시가 발달할지를 지도에서 찾아보게 하였습니다. 지명을 암기하는 대신 지도에 나타난 증거만을 갖고 한번 추리해 보자는 것이지요. 그랬더니 자기들끼리 떠들썩하게 토론하면서 도시가 갖추어야 할 요건에 관한 여러 가지 그럴듯한 이론을 순식간에 만들어 내더랍니다. 브루너가 이 장면을 설명하는 내용은 이홍우 교수님이 쉽게 풀어서 번역한 문장을 그대로 소개하겠습니다.

시카고가 오대호 연안에 입지하게 된 경위를 설명하는 수상교통 이론, 역시 시카고가 메사비 산맥 근처에 입지하게 된 이유를 설명하는 광물자원 이론, 아이오와의 비옥한 평야에 큰 도시가 입지하게 된 경위를 설명하는 식품 공급 이론 등이 그것이다. 지적인 정밀도의 수준에 있어서나 흥미의 수준에 있어서나 할 것 없이, 이 학생들은 북중부의 지리를 전통적인 방법으로 배운 통제집단의 학생들보다 월등하였다. 그러나 가장 놀라운 점은 이 학생들의 태도가 엄청나게 달라졌다는 것이다. 이 학생들은 이때까지 간단하게 생각해 온 것처럼 도시란 아무 데나 그냥 입지하는 것이 아니라는 것, 도시가 어디에 입지하는가 하는 것도 한 번 생각해 볼 만한 문제라는 것, 그리고 그 해답은 '생각'함으로써(즉, 탐구함으로써) 발견될 수 있다는 것을 처음으로 깨달았던 것이다. 이 문제를 추구하는 동안에 재미와 기쁨도 있었거니와 결과적으로 그 해답의 발견은, 적어도 '도시'라는 현상을 이때까지 아무 생각 없이 받아들여 오던 도시 학생들에게는, 충분히 가치가 있는 것이었다.[1]

브루너는 여기서 학생들이 하고 있는 일은 지리학자들이 도시의 입지를 탐구하는 일과 본질상 동일하며, 다만 양자의 차이는 하는 일의 수준이 다른 것뿐이라고 주장합니다. 브루너의 문제의식은 지리학자(대학 교수)들은 도시 입지의 일반 원리를 연구하면서, 왜 초·중·고등학생들은 지역지리를 배우도록 하냐는 겁니다. 대학 교수에게 정말 중요한 내용이라면, 그 분야에서 가장 핵심이라고 할 수 있으며, 그렇다면 초·중·고등학생에게도 그 내용을 가르쳐야 한다고 주장합니다. 흔히들 학생들은 인지 수준이 낮으니까 어려운 개념이나 복잡한 이론을 이해할 수 없기 때문이라고 변명합니다. 그러나 브루너는 아주 어린아이에게도 그 수준에 맞게 가르칠 수 있다고 주장합니다. 학생들의 인지발달단계에 알맞은 형태로 재구성하여 가르치기만 한다면 말입니다. 그러려면 어떻게 해야 할지에 대해서는 제8장에서 자세히 설명하겠습니다.

브루너의 생각은 모학문에서 가장 중요한 것을 학생들에게 가르쳐야 하며, 그것은 모학문 전문가들이 탐구하는 주제라는 것입니다. 왜 그래야 하지요? 코메니우스의 전통은 교육이란 무지로부터 탈피하여 계몽되는 것이라고 생각합니다. 그런데 그 계몽된 상태란 무엇일까요? 브루너에 따르면 계몽된 상태란 머릿속에서 단편적 정보들이 회로처럼 연결되면서 모든 현상이 새롭게 보이기 시작하는 것입니다. 이 상태를 지식의 구조에 따라 인지 구조가 형성되었다고 합니다. 지식의 구조가 인지 구조를 형성한다는 의미는 정태적인 것이 아니라 역동적이라는 의미입니다. 결과가 아니라 과정이라는 의미입니다. 탐구 절차를 내면화한다는 의미입니다. 피상적 지식이 아니라 내면화된 지식, 깊이 있는 지식, 심층적 지식이라는 것입니다.

그래서 브루너는 일반인과 전문가의 인지 구조 차이는 지리학이라는 모학문을 구성하는 지식의 구조를 내면화했는지의 여부라고 생각합니다. 지리를 제대로 배웠다면 지리학의 전문가처럼 생각할 줄 알아야 합니다. 달리 말하면 지리학자들의 인지 구조가 내면화되어 있어야 하는 것입니다. 전문가의 인지 구조란 지리학자들의 사고방식으로서, 학생들도 그런 식으로(지리학자들의 눈으로) 세상을 볼 수 있도록 학습해야 한다고 주장합니다. 지리학자의 인지 구조는 지리학의 지식 구조처럼 짜여 있습니다. 다시 말해 전문가들의 인지 구조는 새로운 진리를 발견하도록 짜여 있는 것입니다. 그러면 전문가는 어떻게 새로운 진리를 발견할까요?

브루너에 따르면 우리가 무엇을 안다는 것은 그것에 대한 지식을 생산할 줄 안다는 것이며, 지식의 생산 과정이 바로 탐구의 절차입니다. 그러면 지식을 생산하는 방법이란 무엇일까요? 지금까지 없었던 새로운 진리를 만들어 내는 것입니다. 어떻게 새로운 진리를 발견할까요? 여기서 유명한 대표적 인물을 사례로 들어 살펴보겠습니다. 바로 알렉산더 폰 훔볼트(Alexander von Humboldt)입니다. 저에게 2014년 여름은 '훔볼트 로드'로 기억이 됩니다. 2014년 브라질 월드컵 개막일인 6월 13일 제1편을 방송한 다큐멘터리 "훔볼트 로드"를 아십니까?

훔볼트는 끊임 없이 '왜'라는 질문을 던집니다. 그는 그 질문에 답하기 위해 노력했으며, 그 결과는 오늘날 유용한 지식이 되어 인류의 생활을 바꾸어 놓았습니다. 그래서 훔볼트의 질문을 '위대한 질문'이라고 표현했습니다. 훔볼트는 베네수엘라 오리노코 강 유역을 탐사하며 원주민들이 사냥할 때 사용하는 독인 쿠라레를 발견합니다. 그런데 쿠라레 독이 짐승을 죽일 정도로 강력하지만 원주민들은 이 독으로 죽은 짐승을 거리낌 없이 먹는다는 사실에 의문을 품은 훔볼트는 목숨을 건 실험을 강행합니다. 훔볼트가 이 독으로 사냥한 동물을 바로 먹을 수 있는지 물어보자, 원주민은 익혀서 먹으면 문제가 되지 않는다고 말합니다. 이 말을 듣고 훔볼트는 이 독은 신경계에 작용하는 것이지, 소화계에 작용하는 것은 아닐 것이라고 생각합니다. 따라서 이 독이 혈관에 직접 들어가지만 않으면 죽지 않을 것이라고 판단합니다. 이것이 바로 가설이지요. 훔볼트는 자신의 가설을 검증하기 위해 직접 독을 마셔 봅니다. 그는 나흘 동안 극심한 구토와 복통에 시달렸지만, 죽지 않고 회복했습니다.[2] 바로 실험을 통해 가설을 검증한 것입니다. 자신의 몸으로 가설이 맞았다는 것을 입증한 셈이지요. 당시까지의 지식으로는 모든 독은 동물의 소화계에 작용한다고 생각했는데, 그의 실험으로 그렇지 않은 경우를 발견한 것입니다. 이처럼 가설을 검증하는 과정을 통해서 지식이 생산되는 것이지요. 그런데 실험할 수 없는 경우도 있습니다. 이 경우 관찰을 통해서 데이터를 수집하여 가설을 검증합니다. 이처럼 지리학자들이 하는 일이란 경험을 통해 지각한 것을 개념을 통해 이해한 다음, 개념에 입각하여 탐구하는 일입니다. 여기서 탐구란 개념으로부터 도출된 가설을 검증하는 것입니다. 이러한 가설 검증의 과정이 바로 1960년대 브루너가 생각한 지식 생산의 방법인 탐구의 절차로서, 지식의 구조를 구성하는 가장 중요한 요소 중 하나입니다.

1960년대 브루너는 아이들을 과학자로 길러 내기 위해 어떻게 교육해야 할지에 대해 고민했습니다. 이는 당시 이공계 인력 양성이라는 미국의 교육정책을 반영한 것입니다. 수학, 과학이 아닌 교과도 이러한 정책에 보조를 맞추도록 권장됩니다. 지리에서 왜 그렇게 해야 할까요? 일반인들은 부정확한 이해와 감정에 좌우되어 무책임한 의사 결정을 내리는 경우가 많습니다. 이를 극복하기 위해서는 사안에 정통하고 이성적 판단에 따라 책임 있는 의사 결정을 내면화시켜야 합니다. 그렇게 하기 위해서는 지리학자들의 사고 방식과 논리를 습득해야 한다고 생각합니다. 이는 지리학의 이론과 연구 절차를 학습해야 습득할 수 있는 것이지요. 지리학의 개념과 탐구 방법을 내면화함으로써 객관적 태도와 분석적 사고를 발달시킬 수 있고, 이는 합리적인 의사 결정 행위를 발달시키는 데 도움이 되기 때문입니다.

여기서 하나 짚고 넘어갈 부분이 있습니다. 지리에서는 브루너의 생각을 그대로 적용하기 힘든 부분들이 있다는 것입니다. 바로 지리의 개념과 탐구 방법을 실증주의 하나로만 가정하고 있다는 점이 그것입니다. 지리 내용 가운데에는 실증주의가 적용되는 것과 안 되는 것들이 있어, 같은 지리라고 하더라도 지식의 종류가 서로 다릅니다. 즉 지식의 성격이나 특성이 다르다는 것이지요.

그렇다면 지식에는 어떤 종류가 있으며, 저마다 어떤 특성을 갖고 있을까요? 이러한 생각을 체계화한 사람이 바로 피터스와 허스트(P. Hirst)입니다. 피터스와 허스트는 지식의 종류들을 파악하기 위해서는 개념 체계와 검증 방법을 검토해야 한다고 주장합니다. 그 결과 지식의 형식을 7가지로 제시합니다. 여기서 검증 방법이란 어떤 명제가 가치 있는 주장인지, 무가치한 주장인지를 판단하는 기준으로, 이를 중심으로 고찰하면, 다음과 같습니다.

수학의 경우 논리적 모순의 유무에 따라 참, 거짓(무가치)이 결정됩니다. 자연과학의 경우 증거 제시의 유무(관찰, 실험)에 따라, 증거가 없으면 무가치하다고 판단받게 됩니다. 윤리학의 경우 도덕적으로 바람직한 판단, 즉 선의 기준에 어긋나면 무가치한 것이 되지요. 미학의 경우 아름다움과 즐거움이라는 심미적 경험에 어긋나면 무가치한 것이 되고, 종교학의 경우 신앙과 교리에 위반되면 무가치한 것이 됩니다. 철학의 경우 성찰의 기준에 어긋나면 무가치한 것이지요. 그런데 인문학과 사회과학(피터스와 허스트는 '자신과 타인에 관한 이해'라고 지칭합니다)의 경우 객관적 관찰만으로는 검증이 곤란하여, 진리 판단의 근거가 모호하다고 지적합니다. 인문학과 사회과학은 실증주의, 인간주의, 구조주의라는 세 가지 패러다임으로 구성되어 있기 때문입니다. 실증주의는 물증을 제시하여 참, 거짓을 판별합니다. 그런데 인간사에서는 물증을 제시하지 못하는 경우도 많아서, 심증을 통해서 중요한 명제와 사소한 명제를 판별합니다. 인간주의는 인간 이해에 통찰력을 주는 명제를 중요시하여 심증으로 판별합니다. 구조주의에서는 사회구조를 파악하도록 하는 명제가 중요한 명제이며, 심증으로 판별합니다. 지리학 역시 이 세 가지 패러다임에 따라 서로 종류가 다른 지식들로 구성되어 있으며, 이와 관련된 각각의 개념과 탐구 방법들로 구성되어 있습니다.

튀넨(J. H. von Thünen)의 고립국 이론을 예로 들어 세 가지 패러다임에 따른 검증 방법의 차이를 살펴보겠습니다. 튀넨의 이론을 검증하는 방식으로는 토지이용의 배열 순서, 가항 하천의 존재, 집약도 등이 있습니다. 미국에서 튀넨의 이론을 검증하기 위해, 비옥도와 거리가 집약도에 큰 영향을 미치는 변수인지를 분석해 보니, 비옥도와 거리가 둘 다 중요하게 나타났습니다. 한국에서는 어떨까요? 1974년에 서찬기가 검증해 보니, 기온, 인구밀도, 영농 특화도가 설명력 2~4위 변수였고, 거리는 설명력이 6위였습니다. 전혀 뜻밖에 자작농의 비율이라는 변수가 설명력 1위였습니다. 튀넨은 여러 가지 조건을 가정하면서도 정작 이 변수는 가정하지 않았습니다. 자신이 농장주, 지주이였을 뿐더러 당시 유럽에서는 소작농이 사라지고 자작농이 우세했기 때문입니다. 그러나 한국은 1970년대까지도 현실 속에 지주-소작인 관계가 여전히 존재하였습니다. 자기 땅이 아니고 남의 땅을 빌려서 농사짓는 경우에는 지력을 보존하거나 지력을 높이기 위해 퇴비를 뿌린다든지 하는 노력을 거의 기울이지 않게 됩니다. 따라서 단위 면적당 자본 투하량이 적어서 집약도가 낮게 나타납니다. 거리 대신 소작 여부가 중요하게 나타났기 때문에 튀넨의 이론을 기각하고, 이론을 수정하거나 아예 새로운 이론을 만들어야 합니다. 이 상황에서는 소작 관계가 집약도를 결정하는 중요 변수라고 이론을 수정해야 하지요.

그런데 새롭게 변수를 설정하려면 토지 소유에 대한 사회적 관계, 즉 사회구조를 알아야 합니다. 토지 소유주(지주)와 소작 농민이 계약 관계를 맺는 행위(관계)가 그 배후에 있음을 알아야 합니다. 답사를 가서 농민들이 농사짓는 모습을 조사할 때, 이 땅이 누구의 소유인지가 중요하다는 것을 깨달아야 합니다. 그러려면 농민의 땀과 사람을 이해하고자 노력해야 합니다. 그렇게 하다 보면 농업은 땅과 사람의 관계일 뿐만 아니라 사람과 사람의 관계이기도 하다는 것을 알게 됩니다. 토지이용 계약을 맺는 것은 형식상 평등해 보여도 실제로는 불평등한 관계라는 것을 농민들이 불만을 토로하는 것을 듣고 알게 됩니다. 이처럼 지리는 사회구조적 불평등 문제가 기저에 있는 경우가 많습니다. 이러한 문제의식은 사회문제에 대한 구조적 시각을 통해서만 포착되며, 이 점에서 실증주의는 약점을 지니고 있습니다. 여기서 구조주의가 설득력을 지니고 주목을 받게 됩니다. 실증주의는 집약도가 같으면 작물이 다르고, 판매 수익이 달라도 다 똑같이 취급하는 사고방식이기 때문입니다.

위 사례에서 자작농과 소작농은 토지에 대한 애착이 다르다는 것을 보았습니다. 그런데 같은 자작농이라 하더라도 차이가 날 때가 있습니다. 사람마다 소망과 열망이 달라서 자신이 하는 일에 의미를 부여하는 정도가 다르기 때문입니다. 예를 들어 자기 가족이 먹을 쌀과 작물에는 농약을 안 뿌리겠죠? 이런 점에서 주관적인 의도와 동기도 중요하지요. 튀넨의 이론에서는 사람을 합리적 경제인이라고 가정하지만, 실제로는 그렇지 않은 경우가 더 많습니다. 이 점을 강조하는 것이 인간주의입니다.

또 다른 사례를 통해 실증주의 검증 논리를 한 번 더 살펴 봅시다. 석회암 지대에서는 카르스트 지형이 나타난다는 가설을 검증하기 위해 석회암 분포 지역으로 유명한 영월에 갔더니 카르스트 지형이 안 보입니다. 가설이 기각된 것이지요. 그래서 단양 카르스트 지역과 영월의 비카르스트 지형을 비교해 보면서, 무슨 변수가 영향을 미쳤는지 찾아봅니다. 우선 석회암 용식 과정은 물이 있어야 화학적 풍화가 일어난다는 사실에 주목합니다. 문득 빗물이 고여 있으려면, 사면보다는 평탄면이어야 한다는 생각이 떠오릅니다. 또한 토양층이 발달해서 습기 보존 효과가 높아야 한다는 점에 착상을 하게 됩니다. 그래서 평탄한 지형, 즉 단구면을 떠올리고, 기존의 카르스트 지형이 단구면에 위치해 있는지 확인해 보니, 그 비율이 높습니다. 영월의 석회암 지역을 확인해 보니 이와는 반대로 경사면에 위치하고 있었습니다. 새로 영월의 석회암 단구면을 찾아보았더니, 과연 카르스트 지형이 나타납니다. 이처럼 증거를 통해 가설을 검증하고, 증거에 입각해 가설을 수정해 나가는 과정이 바로 탐구입니다.

  그러나 실증주의는 선행 연구에서 진리로 채택된 가설에서 출발해 탐구해 나가기 때문에, 기존 가설의 테두리에서 맴돌고 마는 경우가 많습니다. 그래서 창의적인 발상이 어렵다는 문제가 있습니다. 이 점에서 인간주의와 구조주의는 물증이 없더라도 심증을 인정하자는 논리를 펼칩니다. 인간주의에서 제시하는 의미 부여 행위는 변수들마다의 가중치를 달리 부여하는 과정이라고 볼 수 있습니다. 앞의 사례에서 농사짓는 농민이 돈보다 가족을 더 소중히 여기는 경우입니다. 구조주의는 변수를 포착해 내는 구도를 설정하는 것입니다. 두 입장 모두 상황과 맥락을 강조합니다. 지금 이 순간 중요한 변수가 다른 시공간에서는 중요하지 않을 수도 있지요.

1820년대 독일에서는 중요했던 운송비 변수가 1970년대 한국에서는 중요하지 않을 뿐더러 오히려 소작 관계라는 새로운 변수가 중요해졌습니다. 이처럼 어떤 변수가 중요한가, 아니면 사소한가의 기준이 시공간 맥락에 따라 다르다는 겁니다.

지금까지 살펴본 것처럼 1960년대 브루너의 생각은 주로 실증주의에 국한된다는 한계를 지니고 있었으며, 그 스스로 1970년대부터는 입장을 수정하여 인간주의와 구조주의를 수용하게 됩니다. 여기에 대해서는 제3부와 제4부에서 설명하겠습니다. 제2부에서는 먼저 실증주의를 전제로 하여 교육 내용과 교육 방법에 대해서 살펴보겠습니다. 실증주의에서는 탐구의 절차를 가설 검증의 과정이라고 주장하지만, 그 외의 연구들도 포함됩니다. 그런데 탐구의 절차를 제대로 수행하려면 어떻게 해야 할까요? 여기에 대해 자세히 살펴본 다음, 지리학의 지식 구조에 따라 학생들의 인지 구조를 형성하기 위해서는 무엇을 배워야 할지 알아보겠습니다.

■ 주석

1. 브루너(Bruner, Jerome S., 이홍우 역), 1974, 교육의 과정(The Process of Education), 배영사, 73-74.
2. 훔볼트가 가져온 쿠라레가 오늘날 마취제의 원료입니다. 그 덕분에 외과 수술이 획기적으로 발전할 수 있었고, 인류의 삶이 개선될 수 있었습니다.

제8장

내용: 모학문의 탐구 논리와 나선형 교육과정

브루너가 『교육의 과정』을 출간한 1961년 무렵 미국 지리학계는 계량 혁명의 성과를 고등학교 교육과정에 도입하기 위해 High School Geography Project(HSGP)를 추진합니다. 이 프로젝트는 미국 지리학계가 모든 역량을 결집하여 10여 년에 걸쳐 만든 것으로, 단순히 목차만 제시한 교육과정 문서가 아닙니다. 매 차시 학습 활동을 구체적으로 제시하면서 교과서, 교사용 지도서, 학습 활동지는 물론 항공사진, 지도 등 학습 자료까지 종합적으로 개발하였습니다. 제1단원 도시지리에서는 모학문의 패러다임 변화를 반영하여 도시의 절대적 입지와 상대적 입지, 교통망과 접근성, 도심과 주변 지역의 인구밀도와 지가 차이, 도시의 기능과 도시 성

고등학생이 입체경을 활용하여 도시 입지를 분석하는 수업 장면

장 등 개념 틀을 중심으로 내용을 구성하였습니다. 당시 자료집을 보면, 지리학자들의 연구 방법을 그대로 학생들에게 제시한 사례가 나옵니다. 지리학자들이 도시를 연구하듯이 항공사진과 입체경을 통해서 뉴올리언스의 입지를 연구하는 장면입니다. 학생을 위해 단순하게 가공한 자료가 아닌 실제 뉴올리언스의 항공사진을 제시하고, 이를 대축척지도와 비교해 보도록 하고 있습니다. 나아가 바람직한 도시 구조를 직접 만들어 보는 도시계획 활동을 모의실험 수업으로 제시했습니다.

심지어 가장 전통적인 단원인 제3단원 문화지리조차 당시로서는 파격적인 내용으로 구성했습니다. 이 단원에서는 문화적 상대성 개념을 통해 문화권마다 자연관이 다르며, 이에 따라 자연을 이용하는 방식에도 차이가 있다는 명제를 학습하도록 했습니다. 처음에 세계 각국의 영양 섭취율 분포도를 통해 인도의 영양실조가 심각함을 파악하도록 한 다음, 인도에 식량을 원조해 주기 위한 회의를 역할극으로 진행하도록 했습니다. 그런데 막상 미국 아이들이 쇠고기 햄버거를 보내 주자, 인도에서 분개하여, 미국 아이들이 당황하게 됩니다. 그래서 왜 그러한 반응을 보였는지 탐구해 보는 학습 활동으로 단원을 구성하였습니다. 학생들은 인도에서는 소를 먹거리가 아니라 신으로 숭배하기 때문에 쇠고기를 먹는다는 것은 감히 상상도 할 수 없는 일이라는 것을 알게 됩니다. 에스파냐의 투우와 인도의 소 숭배, 중국의 밭에서 일하는 소와 미국 목장에서 햄버거 패티로 이용하기 위해 송아지 시기에 도살당하는 모습 등을 비교하면서, 문화권마다 소를 바라보는 관점이 다르다는 것을 탐구하는 것이지요. HSGP는 인문지리와 자연지리의 개념을 중심으로 내용을 구성하여 계통지리 중심 교육과정의 효시가 되었습니다.

한편 HSGP는 마지막 제6단원을 일본으로 구성했지만 전통적인 의미에서 지역지리 내용은 없습니다. 이렇게 파격적인 시도를 한 이유는 무엇까요? 1960년대 당시 분위기는 지역지리가 단편적 현상과 구체적 사실 정도 밖에 없다고 과소평가받고 있었기 때문입니다. 앞에서 지식 생산의 방법이란 가설 검증이라고 했지요? 지역지리는 가설 검증의 절차가 없으므로 지식 생산의 방법이 없다는 것이지요. 다시 다큐멘터리 "훔볼트 로드"에서 사례를 들어 보겠습니다. 제1부 초반부에서 볼리바르(S. Bolivar)

가 훔볼트를 '남미의 진정한 발견자'라고 한 구절을 인용합니다. 무슨 뜻일까요? 콜럼버스가 아메리카 대륙을 오래전에 발견했지만, 이 대륙에 대한 학문적 진리를 생산하지는 못했습니다. 그런데 훔볼트는 다른 대륙에서는 볼 수 없었던 남미의 지형, 기후, 식생의 특징을 파악하고, 자연환경과 인간 활동 간의 상호 관계를 탐구하여 새로운 지식을 생산했다는 것입니다. 이전의 지역지리는 콜럼버스처럼 탐험을 통해 자료만 수집하고 정리했을 뿐, 훔볼트 같은 지식을 생산하지는 못했다는 겁니다. 이러한 점에서 지역 지리는 지식의 구조가 없거나 있다고 하더라도 저급하다고 비판받습니다. 한마디로 깊이가 없다는 것이지요. 달리 말하면 개념이 없다는 것입니다. 우리가 무엇을 논리적으로 이해한다는 것은 개념을 통해서 그 현상을 바라볼 줄 안다는 의미입니다. 훔볼트는 등온선이라는 개념, 고도별 식생 분포라는 개념을 통해서 남미의 지역성을 파악할 줄 알았던 것이지요. 이런 점에서 지역지리는 교육적 가치가 없다고 거부당하고 계통지리만 인정받게 됩니다.

브루너는 대학 교수에게 중요한 내용이 그 분야에서 가장 핵심이라고 할 수 있기 때문에 초·중·고등학생에게도 그 내용을 가르치자고 주장합니다. 그것은 바로 지식 생산의 방법을 배워야 한다는 것입니다. 지리의 경우 지리학자(대학 교수)들은 계통지리의 개념적 지식을 생산하면서, 왜 초·중·고등학생들에게는 지식 생산이 없는 지역지리를 배우도록 하냐고 따지는 것입니다. 학생들도 개념 구조와 탐구 절차를 학습해야 한다는 것입니다.

지리학자들은 단편적 사실과 현상들을 모아서 핵심만 뽑아 구체적 개념을 만들고, 이 개념들을 서로 관련지으면서 추상화합니다. 이 과정에서 복잡한 현상들을 단순화시켜 모형을 만든 다음, 일반화 명제를 도출하지요. 이 명제가 인과관계를 설명하게 되면 이론이 됩니다. 개념은 이 탐구 과정의 중심에 자리 잡고 있으면서 전반적으로 조직하는 역할을 하기 때문에 중요합니다. 그래서 상위의 추상적 개념은 모학문이 세상을 바라보는 관점이라고 할 수 있습니다. 이러한 의미에서 다른 개념들과 달리 구분하여 핵심 개념이나 조직 개념, 기본 개념 등으로 부릅니다. 여기서 조직 개념은 지리학을 조직하는 포괄적 개념이라는 의미입니다. 실증주의에서는 개념의 위계를 설정하여, 가녜처럼 위계학습을 설정했으나 현재는 위계를 상세하게 설정하지 않습니다.

　앞에서 논의한 것처럼 지리학자들은 경험을 통해 지각한 것을 개념을 통해 이해한 다음, 개념으로부터 도출된 가설을 검증하고자 합니다. 인지심리학자들은 아이들도 경험을 통해 지각한 것을 개념을 통해 이해하지만, 다만 이 과정이 성인이나 전문가와 좀 다르다고 생각합니다. 지각을 통해 개념이 형성되지만, 이미 갖고 있는 개념을 통해 지각하게 됩니다. 마치 닭이 먼저냐, 계란이 먼저냐라는 논쟁과 유사하지요.

　여기서 개념이란 인지 구조를 보다 좁혀서 구체적으로 나타내는 말입니다. 철학자들은 개념을 사물과 현상의 공통 속성을 도출하여 언어로 표현한 것으로 규정합니다. 아이들과 일반인들도 이렇게 개념을 형성하리라고 생각하였습니다. 예를 들어 맛있는 빵의 개념이란 샌드위치와 햄버거

등 맛있는 빵들 모두의 공통 속성을 도출하여 개념으로 형성한다는 입장으로, 개념 형성(학습)의 '속성 모형'이라고 부릅니다.

그러나 심리학자들이 연구해 보니 실제로는 그렇지 않았습니다. 특히 개념에 속하는 것과 아닌 것을 구분 짓는 과정, 즉 범주화(유목화)하는 과정을 분석해 보니 철학자들의 생각과는 다르게 나타났습니다. 오히려 강렬한 인상을 통한 실제 사례의 이미지가 머리에 남게 되고, 그 후에는 이와 유사한 경우와 아닌 경우를 구분 지으면서 개념이 형성된다는 것입니다. 이 경우를 개념 형성의 '실례 모형'이라고 부릅니다. 예를 들어 지리학자들이 곡류 하천(meander) 개념을 정립하는 경우를 살펴봅시다. 고대 그리스의 헤로도토스가 터키를 답사하면서 메안데르 강(지금의 멘데레스 강)이 심하게 곡류하는 것을 보고 기록으로 남겨 유명해졌습니다. 그 후 학자들이 곡류하는 하천들을 메안데르라고 부르기 시작하면서, 고유명사가 보통명사가 되어 곡류 하천의 개념이 형성되었습니다. 또 다시 맛있는 빵이라는 개념을 예로 들어 볼까요? 사람들은 자기가 먹어 본 빵 중에서 맛있던 빵을 실제 사례로 들어 이와 비슷하면 맛있는 빵으로, 이와 다르면 맛없는 빵으로 구분하면서 맛있는 빵의 개념이 형성된다는 것입니다.

그런데 개념 형성을 설명하는 또 다른 이론(모형)이 있습니다. 내가 먹어 본 빵 중에 맛있는 빵이 없으면, 실제 사례를 들 수가 없습니다. 이러한 경우에는 어떻게 개념이 형성될까요? 2014년 봄에 전라남도 해남에 근무하는 남대옥 선생님이 명화(名畵)를 활용한 지리 수업을 준비하고 있었습니다. 그런데 주변에서 질문합니다. '뭐가 명화예요? 명화 하면 시네마가 먼

정선, 「인왕제색도」

저 생각나지, 미술 생각은 안 나요'라고 하는 사람까지 있었다고 합니다.
'정선의 「인왕제색도」를 수업 자료로 활용하려고 하는데 그것이 명화인가
요?' 저라면 자신 있게 그렇다고 대답하겠지만, 그렇지 않다고 생각하는
분도 있을 것입니다. 우리는 그림들을 명화와 졸작이라는 양극단의 스펙
트럼을 따라서 분포하는 것으로 인식합니다. 그런데 명화와 졸작이라는
범주는 그 경계가 뚜렷하지 않고 애매모호합니다. 그래서 어떤 그림이 명
화의 범주에 속하는지의 여부는 명확하다기보다는 좀 더 명화에 가깝다
하는 정도의 문제입니다. 이러한 명화의 이미지는 명료한 것이 아니어서
원초적 형태의 생각이라는 의미에서 원형(proto type)이라고 부릅니다. 예
를 들어 TV 드라마의 원형은 삼각관계로서 『춘향전』은 성춘향을 둘러싼

이몽룡과 변학도의 삼각관계입니다. 또 모든 무협 영화의 원형은 복수극인데, 다음처럼 단순화시킬 수 있습니다.

1. 부모나 스승이 악당에게 억울한 죽임을 당함.
2. 주인공이 원수를 갚고자 악당에게 도전하지만 실력이 부족하여 위기에 처함.
3. 때마침 나타난 조력자의 도움으로 위기에서 벗어나 새롭게 무술을 연마함.
4. 조력자가 악당에게 죽거나 위기에 처함.
5. 주인공이 악당에게 재도전하여 마침내 복수함.

이러한 원형에서 수많은 버전이 파생되고 구체화되면서 수많은 소설이나 영화 등 작품이 탄생하는 것이지요. 이처럼 현실의 사례가 없는 추상적 개념들의 경우 사람들은 가상의 양극단을 원형으로 설정한 다음, 반대편의 실제 사례(비실례)의 속성을 제외하고 한쪽 개념의 속성만을 선정하여 이를 원형으로 하여 개념을 형성합니다. 그래서 이 원형과 비슷한지의 여부로 개념에 속하는 것과 아닌 것을 구분한다고 보는 입장을 개념 형성의 '원형 모형'이라고 부릅니다.

지리 개념을 사례로 들자면 지속 가능한 발전은 추상적 개념이어서 현실의 사례가 없고 어렴풋한 이미지만 있습니다. 이러한 이미지는 뚜렷한 것이 아니어서 원초적 형태라는 의미에서 원형이라고 할 수 있지요. 지속 가능성과 지속 불가능성은 연속선상의 스펙트럼을 형성하면서 경계가 불분명하기 때문에 명확한 구분이 어렵습니다. 지속 가능성과 지속 불가능성이라는 가상의 양극단을 원형으로 설정하고 지속 불가능한 발전이나 환경 파괴적 개발의 실제 사례들이 아닌 것(비실례)을 가상해서 지속 가능한 발전의 개념을 형성하고 그 속성을 이해하게 됩니다. 예를 들어 공업보다는 관광을 통해서 지역의 소득원을 창출하거나, 콘크리트로 복개한 하천을 다시 생태 하천으로 복원하는 일 등이 해당됩니다. 이 원형과 비슷한지의 여부로 지속 가능한 발전의 개념에 속하는 것과 아닌 것을 구분하게 되며, 이 경우도 개념 형성의 원형 모형에 해당됩니다.

마지막으로 개념 형성을 설명하는 또 다른 이론(모형)이 있습니다. 또 다시 맛있는 빵이라는 개념을 예로 들어 보겠습니다. 사랑하는 애인의 마음을 잡으려고 그가 좋아하는 빵이 무엇일지 고민하다 햄버거일 것이라고 생각하여 그에게 갖다 줄 햄버거를 만들고 있습니다. 햄버거를 만들고 있는 상황에서는 맛있는 빵의 개념이 햄버거입니다. 지금 만들고 있는 햄버거와 비슷한지의 여부로 맛있는 빵에 속하는 것과 아닌 것을 구분하는 경우를 개념 형성의 '상황 모형'이라고 부릅니다. 이 모형은 직접 교실 수업에 적용하기에는 너무 모호하고 추상적이어서 아직은 논의 단계입니다.

지금까지 설명한 내용을 논술형 시험의 모범 답안이라는 개념에 적용하여 알아보겠습니다. 기말고사를 보고 나면 교수의 답안 채점 기준이 궁금하지요? 모범 답안이 정해져 있을까요? 첫 번째 경우는 모든 답안지들을 전부 채점하고 나서 잘 쓴 답안들의 공통점을 도출하여 모범 답안을 작성하는 경우입니다. 이 공통점이 공유하는 속성이지요. 이 경우를 모범 답안이라는 개념의 속성 모형이라고 할 수 있습니다. 두 번째는 잘 쓴 답안이란 이런 것이라고 어렴풋이 생각하고서 답안들을 채점하는 경우입니다. 이 생각들이 원형인 셈이지요. 이 경우를 모범 답안이라는 개념의 원형 모형이라고 할 수 있습니다. 세 번째 경우는 채점하면서 보니 최남선의 것이 제일 맘에 들어서, 이것과 유사한 정도에 따라 A부터 C까지 등급을 정했습니다. 이 경우는 모범 답안이라는 개념의 실례 모형에 해당합니다. 그런데 유길준이 자기 학점에 대해 수긍 못하겠다고 따지면서 자기보다 잘 쓴 답안을 보여 달라고 합니다. 이럴 때를 대비해서 최남선의 답안지라는 실례를 준비해서 유길준에게 보여 주면 좋지요.

지금까지 개념 학습에 대한 논의들을 살펴본 것처럼 동일한 대상에 대한 개념화가 사람마다 다르기 때문에 이 과정을 대안적 개념화라고 부릅니다. 학습자들은 백지 상태로 수업에 들어오는 것이 아닙니다. 생활 속의 경험을 통해 직간접적으로 형성한 선개념을 지니고 수업에 들어옵니다. 그런데 이러한 개념들은 학문적으로 정확하지 못한 경우가 대부분입니다. 때로는 완전히 엉뚱하게 오해하거나, 착각하고 있는 경우도 많습니다. 이처럼 학습자가 전혀 모르는 것이 아니라, 알기는 하지만 잘못 알고 있는 경우를 '오개념'이라고 합니다. 수업을 통해 학생들에게 자가당착이나 모순되는 사례를 제시하여 인지 갈등을 일으켜 오개념을 수정해 가도록 해야 합니다.

결국 사고와 학습의 토대는 개념이라는 의미이며, 이러한 맥락에서 브루너는 교과의 골조를 이루는 개념들로 교육과정을 구성하자고 주장합니다. 이 개념들이야말로 배울 가치가 있는 지식이므로 유치원생에서부터 대학생까지 모두 이것을 배워야 한다고 주장합니다. 그래서 브루너는 극단적인 주장을 하게 됩니다. 형식을 적절하게 바꾸기만 하면 유치원생에서부터 대학생까지 모두 높은 수준의 학자들의 이론을 배울 수 있다는 것이지요. 그래서 교육학을 배운 초등 교사보다 대학 교수가 더 잘 가르칠 수 있다고 주장합니다. 정말 그럴까요? 제 생각에는 적어도 한 분 오경섭 교수님(한국교원대학교)은 그럴 수 있다고 생각합니다. 그 이유는 다음과 같습니다. 저는 수년 전에 오경섭 선생님과 대관령 답사를 간 적이 있습니다. 저녁으로 황태 구이를 먹었는데, 오 선생님이 왜 황태가 북어나 동태보다 맛있는지 아냐고 하시더군요. 오 선생님에 따르면 대관령 지역이 고도가 높고 바람이 세차고 한랭하기 때문에 주빙하 환경과 유사하다고 합니다. 주빙하 환경에서는 기반암이 동결과 융해가 반복되면서 기계적 풍화가 활발히 진행되어 암설들로 부서집니다. 이와 유사하게 황태를 말릴 때 밤에 동결되었다가 낮에 햇빛을 받으면서 융해되는 과정을 거치면서 건조된다는 것입니다. 이러한 과정을 거친 황태는 살 조직이 부드럽게 변하여 양념이 쉽게 스며들고 깊은 맛을 지니게 된다는 것이지요. 어려운 주빙하 작용의 개념을 황태구이라는 음식에 비유하여 설명하는 오 선생님의 방식이라면, 초등 교사보다 훨씬 쉽고 흥미롭게 어려운 개념을 제시할 수 있겠다는 생각이 들었습니다.

교육학을 배운 초등 교사보다 대학 교수가 더 잘 가르칠 수 있다면, 그 이유는 해당 분야의 대가여서 지식 구조, 특히 개념 구조를 가장 잘 알고 있기 때문입니다. 한국지리에서 자연지리, 인문지리의 다양한 주제를 배우지만, 우리 국토의 다양성 속의 통일성이란 개념이 밑에 깔려 있습니다. 그런데 이 개념이 분명히 드러나지 않아 모호하다는 점이 문제입니다. 따라서 무엇이 핵심이고 무엇이 쭉정이인지 명시적으로 제시하자는 겁니다. 그렇다면 지리에서 핵심은 무엇일까요? 이 문제에 대한 통찰력이 바로 개념 구조를 파악하는 능력입니다.

브루너는 이러한 핵심 개념을 제대로 파악할 줄 아는 사람을 해당 분야의 고수, 거장, 대가라고 주장합니다. 모학문에서 가장 중요한 핵심 개념이야말로 교육적 가치가 있는 지식이기 때문에, 저학년에서 고학년에 이르기까지 모두가 이를 학습해야 한다고 생각합니다. 그러나 핵심 개념의 이해에도 수준 차가 있어 저학년에서 고학년에 이르기까지 수준 차를 달리하여 구성하면, 반복을 피하면서 심화시킬 수 있다는 겁니다.

그런데 어떻게 하면 수준 차를 감안하여 학습 내용을 조직할 수 있을까요? 브루너는 아이들을 과학자로 길러 내려면 호기심을 키워 나갈 수 있도록 해야 한다고 생각합니다. 어린이의 호기심이나 과학자의 호기심이나 그 본질은 동일하며, 다만 표상 방식이 다를 뿐이라고 생각합니다. 그는 발달 단계에 따라 행동적, 영상적, 상징적 표상 방식이 우세해진다고 제시합니다. 그래서 이 세 가지 표상 방식을 활용하여 학습 내용을 조직하면 저학년에서 고학년에 이르기까지 모두 핵심 개념을 학습할 수 있다고 주장합니다.

예를 들어 상류에서 하류로 가면서 원마도가 높아지는 것을 이해시키기 위해서, 충청북도 내륙의 미호천에서 금강 하구로 가면서 강변의 자갈들을 손으로 만져 보아, 둥글고 매끈한 것이 많은지, 아니면 거칠고 울퉁불퉁한 것이 많은지 구별해 봅니다. 원마도를 손에 느껴지는 감촉이 둥글고 매끈한가, 아니면 거칠고 울퉁불퉁한가에 따라 표현하면 바로 행동적 표상 방식입니다. 미호천에서 금강 하구로 가면서 강변의 자갈들이 모난 것이 적어지고 둥근 것이 많아지는 것을 사진으로 제시하거나 단면도로 표현하면, 영상적 표상 방식입니다. 강변 자갈들의 원마도를 계산하여 수식과 그래프로 표현하면 상징적 표상 방식입니다.

이번에는 도시 지리를 예로 들어 봅시다. 시카고 답사를 가서 홈스테이한 집이 통근이 편리한 시내에 있길래, 부잣집으로 짐작했으나 실은 중산층이었습니다. 시내를 구경하면서 보니, 집들이 초라해 보여서 부자 동네도 한 번 구경하고 싶어졌습니다. 도심 근처에 있을 줄 알고 다녀 보았으나 오히려 슬럼가만 나타났습니다. 부자들은 먼 교외에서 통근한다는 것을 나중에 알게 됩니다. 이러한 경우는 행동적 표상 방식입니다. 실제 시카고는 미시간 호를 따라 남북으로 길게 펼쳐져 있는 도시입니다. 그런데 버제스(E. W. Burgess)는 도심으로부터 동일한 거리에 있는 동네의 성격이 유사하다고 판단하여 현실을 단순화시켜 이러한 특징을 동심원으로 표현했습니다. 시카고의 도심 사진과 도심을 벗어나면 저층 건물이 나타나는 사진, 시카고의 도시 구조를 동심원으로 표현한 모식도 등은 영상적 표상 방식입니다. 영국의 소설가 코완(A. Cowan)의 소설 『나무』에서는 버제스의 동심원 이론을 글로 설명하는 대목이 나옵니다. 이처럼 문자, 기호, 수식으로 표현하면 상징적 표상 방식입니다. 지도는 그래픽이지만, 정보가 복잡하여 상징적 표현이라고 간주됩니다.

코완(1960~)

이처럼 세 가지 표상 방식을 활용하여 형식을 적절하게 바꾸기만 하면 수준 차를 감안하여 학습 내용을 조직할 수 있게 됩니다. 이를 근거로 브루너는 유치원생에서부터 대학생까지 모두 중력 법칙을 배울 수 있다는 극단적인 주장을 했던 것입니다. 유치원 아이들은 시소를 타고 놀면서 '무거운 쪽이 아래로 내려가는구나' 하고 알면 되고(행동적), 대학생들은 미적분을 통해 중력 법칙을 배우면(상징적) 된다는 것이지요. 모학문에서 가장 중요한 핵심 개념은 단번에 내면화되는 것이 아니기 때문에, 저학년에서 고학년에 이르기까지 세 가지 표상 방식을 활용하여 순환적이면서 심화되도록 구성하자는 겁니다. 학년이 높아질수록 전혀 다른 개념을 배우는 것이 아니라, 동일한 개념을 표현 양식을 다르게 하면서 내용을 심화시켜야 한다는 겁니다. 이를 그림으로 나타내면 달팽이집처럼 보여서, 브루너의 견해를 나선형 교육과정이라고 합니다. 타일러와 테이바(H. Tava) 이래 교육과정 연구는 범위와 계열성(scope and sequence)을 결정하는 것으로 이해되어 왔습니다. 브루너의 나선형 교육과정은 동일한 조직 개념이 학년이 높아질수록 범위가 넓어지도록, 그리고 행동적 표상 방식에서 영상적 표상 방식, 상징적 표상 방식으로 계열성이 심화되도록 구성하자는 주장입니다.

그렇다면 어떤 개념을 중심으로 교육과정을 구성해야 할까요? 가장 중요한 지리 개념은 공간과 장소입니다. 땅을 추상적으로 표현하면 공간이며, 삶을 영위할 수 있는 터전으로서 구체적으로 표현하면 장소입니다. 그런데 이 개념은 그 자체로서 가르치면 내면화되지 않기 때문에 탐구 절차와 함께 가르쳐야 합니다. 이러한 지리 개념과 탐구 절차를 어떻게 배워야 학생들의 인지 구조가 지리적으로 형성될까요?

제9장

방법(1): 교수학적 변환과 학습자 이해

　많이 알기만 하면 잘 가르칠 수 있을까요? 자칫 학문 중심 교육과정은
모학문만 알면 다 된다는 식의 오해를 야기
할 수 있습니다. 그렇지만 많이 아는 것 이상
으로 모학문을 수업에 필요한 방식으로, 즉
이해하기 쉽고 교육적 가치가 있는 내용으
로 변환시킬 필요가 있습니다. 쉐바야르(Y.
Chevallard)는 수업 설계에서는 학문적 내용
을 교육적 내용으로 변환해야 하며, 이 과정
을 교수학적 변환이라고 지칭합니다. 교사는

쉐바야르(1946~)

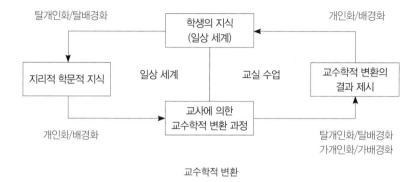

탈개인화/탈배경화　　　학생의 지식　　　개인화/배경화
　　　　　　　　　　　　（일상 세계）

지리적 학문적 지식　　일상 세계　　교실 수업　　교수학적 변환의
　　　　　　　　　　　　　　　　　　　　　　　　　결과 제시

개인화/배경화　　　교사에 의한　　탈개인화/탈배경화
　　　　　　　　교수학적 변환 과정　　가개인화/가배경화

교수학적 변환

모학문의 형식화된 지식으로부터 풍부한 의미를 살려 내도록 상황을 구성하고, 표현을 모색해야 한다는 겁니다.

교사는 모학문의 내용을 자신의 주관적 경험과 의미 부여를 통해서 내면화시키는데, 이 과정을 개인화라고 합니다. 한편 이 과정은 구체적인 시공간의 맥락과 상황 속에서 전개되기 때문에 배경화라고 합니다. 그래서 이 두 과정은 동시에 진행되기에 개인화/배경화라고 표현합니다. 앞에서 대관령에 답사 가서, 저녁에 황태 구이를 먹으면서 주빙하 지형에 대한 설명을 들었던 경험을 말하였습니다. 당시 답사 중 저녁 식사라는 배경 속에서 주빙하 지형의 기계적 풍화가 나의 지식으로 내면화되었습니다. 이 과정이 개인화/배경화입니다. 교사는 모학문의 내용을 개인화/배경화의 과정을 통해 이해하지만, 탈개인화/ 탈배경화의 과정을 통해 수업 내용으로 재구성해야 하며, 이 과정이 교수학적 변환이지요.

2014년 3월 26일 방영한 다큐 "요리인류" 제1부 '빵과 서커스'를 보면, 아이슬란드 화산 지대의 간헐천에서 뿌연 증기가 치솟는 땅에 구멍을 파,

자루에 싼 반죽을 그 속에 넣고 지열로 24시간 쪄내더군요. 설탕을 넣은 그 검은 빵이 바로 아이슬란드를 대표하는 빵 룩브라우트(천둥빵)로서, 아이슬란드 사람들은 여기에 절인 청어나 연어, 달걀 반숙 등을 얹어 먹습니다. 인류는 환경에 순응하며 독특한 식문화를 발전시켜 왔음을 또 한 번 실감했지요. 그 영상을 보면서 나도 룩브라우트를 먹고 싶다는 생각이 들었던 당시 배경 속에서 '환경 적응'이라는 개념이 판구조론과 더불어 나의 지식으로 내면화되었는데, 이 과정이 개인화/배경화입니다.

저는 중학교 2학년이던 1977년 여름 큰 홍수를 경험했습니다. 하룻밤 새 460mm 넘는 비가 내려 경기도 안양시가 물에 잠겼지요. 안양천이 범람하여 경부선 철도가 물에 잠기고, 산사태로 230여 명이 사망할 정도였습니다. 방학 직전이었는데, 수업 대신 안양천 주변 복구 사업에 동원 나갔던 기억이 납니다. 의왕시 모락산 아래 살던 우리 동네 실개천의 유로가 변경된 것을 목격하였습니다. 실개천 주변의 논들이 전부 물에 잠겼다가 물이 빠지면서 유로가 변경된 것이지요. 저의 하천 범람과 유로 변경에 대한 지식은 제가 당시 경험한 홍수라는 배경하에서 개인화/배경화되었습니다.

교사는 개인화/배경화를 통해 내면화된 지식을 다시 수업을 위해 탈개인화/탈배경화해야 합니다. 예를 들어 제주도는 기반암을 이루는 현무암의 절리 밀도가 높아서 대부분의 하천들이 건천을 이루고 있습니다. 장마철에 비가 내려도 대부분 지하로 스며들기 때문에 하천 범람을 경험하기가 좀처럼 쉽지 않습니다. 만일 제가 제주도 학생들에게 하천 범람에 대

지리교육학 강의노트

술만(1938~)

해서 수업하려면, 저의 홍수 경험을 탈개인화/
탈배경화해 홍수로 인한 범람을 경험하기 힘든
제주도 학생의 입장을 고려하여 수업 준비를
해야 합니다.

슐만(L. S. Shulman)은 이러한 교수학적 변환
을 수행하기 위한 지식을 교수 내용 지식(PCK;
Pedagogical Content Knowledge)으로 지칭합니
다. 이는 교과 내용을 학생들이 잘 이해할 수 있
도록 표현하는 방법, 가장 유용한 내용 제시 방식, 가장 효과적인 비유, 묘
사, 사례, 설명, 시범 등 교수 활동을 위한 고유한 지식입니다. 슐만은 이
를 교사 전문 지식의 고유한 형태로서, 교과 내용과 교수법이 종합된 교사
들만의 고유 영역이라고 제시합니다. 교수 내용 지식은 라일(G. Ryle)의 표
현에 따르면 절차적 지식이며, 폴라니(M. Polany)가 제시한 암묵적 지식에
해당합니다. 교수 내용 지식은 마치 음식을 맛깔나게 하는 손맛 같은 것으
로서, 교사의 경험이나 잠재적 능력에 내재된 것입니다. 따라서 주관적 지
식이며, 가치관 및 신념과 혼합되어 있어서 언어로 표현하기 힘들고 전수
하기도 곤란합니다. 그래서 때때로 교수 내용 지식은 전문성이 약하다고
비판받거나 무시당하기도 합니다.

이 점에 대해 쇤(D. A. Schön)은 학자들의 이론만이 지식은 아니며, 오히
려 실천가의 전문적 지식은 행위 속에서 형성되는 것이라고 주장합니다.
흔히 대학 교수는 지식을 생산하고, 학교 교사는 지식을 소비한다고 생각합니다. 그래서 교사는 비생산적이고 전문성이 약하다고 생각하기도 하지요. 그러나 글 쓰는 것만이 지식의 생산이고, 수업 시간에 말하는 것은 지식의 소비일 뿐인가요? 교사가 수업을 실천해 가면서, 그 과정에 대해서 심사숙고하고 있다면, 수업 행위 역시 교수가 논문을 쓰는 것만큼이나 전문적인 성격을 지닙니다. 꼭 글로 표현하지 않더라도 반성을 하면서 직무를 수행하고 있다면, 이론을 생산하는 것으

쇤(1930~1997)

로 간주하자는 겁니다. 그래서 쇤은 지식의 생산과 지식의 소비(지식의 반복, 지식의 재생산)라는 이분법을 거부합니다. 교사의 수업 활동도 반성적 실천의 과정이 내재해 있다면 지식의 생산이라고 주장하면서, 이 점에서 교사의 역할은 반성적 실천가라고 주장합니다.

소설『나무』에 보면 초임 교사 애슐리가 동심원 이론을 설명하는 장면이 나옵니다. 처음에는 대학에서 배운 그대로, 교수학적 변환 없이 전달하지만 학생들이 흥미와 관심을 보이지 않자, 순간적으로 우리 동네 사례를 들어야겠다고 생각합니다. 그래서 학교와 학생들이 사는 동네, 교사가 사는 동네를 사례로 들어 설명합니다. 이러한 노력이 수업 행위 중 반성에 해당합니다. 만일 교사가 수업이 끝난 후 학생들이 흥미 없어 한 이유를 찾아보면서, 자신이 탈개인화/ 탈배경화가 안 된 상태로 전달하고 있기 때문이라고 반성하는 경우를 고찰해 봅시다. 그래서 다른 반에서 수업할 때

에는 수정해야겠다고 생각하고, 호기심을 유발할 수 있는 탐구 과제로 '시카고에서 부자 동네 구경하기에 좋은 숙소 찾기'를 정하여 준비하는 경우를 가정한다면, 이것이 수업 행위 후 반성의 사례입니다. 이처럼 교사의 수업이 지식 생산으로 인정받으려면, 수업 중 심사숙고하면서 행위 중 반성, 행위 후 반성을 해야 합니다. 지금까지 교사의 입장에서 수업을 준비하기 위한 활동을 살펴보았습니다. 그렇지만 모든 수업 설계는 학습자에 대한 이해가 선행되어야 합니다. 우선 학습 유형 부터 살펴보겠습니다.

학습자 이해에 대한 인지심리학의 공헌 가운데 학습 유형 연구가 가장 중요합니다. 학습자 유형에 따라 동일한 수업이라도 그 효과는 다르게 나타날 수 있기 때문입니다. 가장 대표적인 연구가 콜브(D. A. Kolb)의 학습 유형 연구입니다. 우리는 무엇을 통해서 배울까요? 콜브는 학습이란 구체와 추상, 관찰과 실험이라는 상반되는 두 축을 따라 진행되며, 이 네 가지 측면이 모두 중요하다고 주장합니다. 보다 자세하게 설명하면 첫 번째 축은 구체(주관적 경험)-추상(개념화)이라는 스펙트럼을 형성하고, 두 번째는 관찰(소극적, 반성적)-실험(적극적, 능동적)이라는 스펙트럼을 형성합니다. 그래서 학습이란 구체적 경험-반성적 관찰-추상적 개념화-능동적 실험이라는 네 단계를 통해서 진행된다고 주장합니다. 그런데 모든 사람이 이 네 단계를 똑같이 잘하는 것이 아니라, 개인마다 편차가

콜브(1939~)

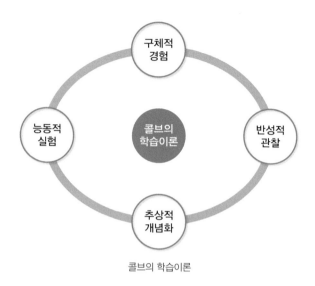

콜브의 학습이론

있습니다. 누구는 구체적 경험을 통해서 학습할 때는 잘하는데, 추상적 개념화에는 약할 수가 있고, 반대로 반성적 관찰은 잘하는데, 능동적 실험에는 약한 경우도 있을 수 있습니다. 답사 가서 몸으로 느껴야만 학습되거나, 눈으로 관찰해야 되는 스타일이 있는가 하면, 지도나 책을 보면서 학습 내용이 분명해야 공부되는 스타일도 있습니다. 노트 정리가 잘되는 내용이거나, 이론을 적용해 보아야 되는 스타일이 있는가 하면, 자기가 달리 재구성해 보거나, 현실감과 시사성이 있어야 공부되는 스타일도 있지요. 이렇게 학습자들의 성향을 조사해 보니 다음 항목에 강한 유형들로 구분됩니다. 구체적 경험과 반성적 관찰에 강한 유형, 반성적 관찰과 추상적 개념화에 강한 유형, 추상적 개념화와 능동적 실험에 강한 유형, 능동적 실험과 구체적 경험에 강한 유형 등입니다.

110

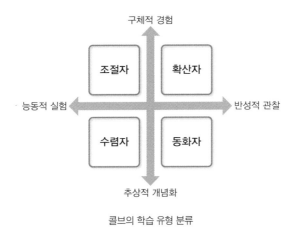

구체적 경험

조절자 　　　 확산자

능동적 실험　　　　　　반성적 관찰

수렴자 　　　 동화자

추상적 개념화

콜브의 학습 유형 분류

　콜브는 길퍼드(J. Guilford)의 확산적 사고와 수렴적 사고라는 개념, 피아제의 동화와 조절이라는 개념을 도입하여 네 가지 학습 유형에 이름을 붙입니다. 구체적 경험과 반성적 관찰에 강한 유형을 확산자, 반성적 관찰과 추상적 개념화에 강한 유형을 동화자, 추상적 개념화와 능동적 실험에 강한 유형을 수렴자, 능동적 실험과 구체적 경험에 강한 유형을 조절자라고 합니다.

　확산자는 상상력과 창의성이 뛰어나 게임 학습 등 자아 표현 활동을 선호하며, 강의식 수업은 질색합니다. 동화자의 경우 분석적이고, 논리적인 특성을 지니고 있어, 학습 내용이 잘 정돈된 것을 선호합니다. 그래서 강의식 수업이 아니면 배운 것 같지 않다고 느끼는 유형입니다. 수렴자와 조절자는 어떤 수업 모형이든 잘 적응하는 편입니다. 그렇지만 수렴자는 문제 해결력과 응용력이 강하여, 탐구 수업과 개념 학습에서 가장 뛰어난 성취도를 보입니다. 반면 조절자는 추진력과 리더십이 뛰어나 의사 결정 학습과 모둠 학습에서 가장 뛰어난 기량을 보입니다. 이처럼 학습자의 유형과 선호하는 수업 방식이 다양하기 때문에 한 가지 수업 방식만 고수하면 특정 학습 유형에게는 불공정한 셈입니다. 따라서 다양한 수업 방식에 대한 고민이 필요합니다. 다음에서는 학생들의 인지 구조를 지리적으로 형성시키려면 지리 개념과 탐구 절차를 어떻게 배워야 하는지 탐구 수업부터 살펴보겠습니다.

제10장

방법(2): 탐구와 의사 결정 학습

탐구 수업

탐구 수업은 사실 비효율적입니다. 강의식 수업보다 진도 나가는 데 몇 배 시간이 필요하고, 시험 성적을 올리는 데에도 단기적으로는 효과가 적습니다. 그런데 왜 탐구 수업을 진행할까요? 바로 학생들의 능동적인 발견 능력을 길러 주기 위해서입니다. 혼자서 공부할 수 있도록 공부하는 습관이 몸에 배도록 하려는 것이지요. 과학자는 호기심을 갖고 의문을 제기하면서 시행착오를 통해 스스로 답을 발견해 나갑니다. 누가 연구 절차나 탐구 방법을 가르쳐 준 것이 아니지요. 오히려 남들이 시도하지 않은 방식으로 탐구하다가 답을 찾습니다. 브루너는 과학자가 하는 것처럼 학생들이 스스로, 능동적으로 답을 발견할 수 있도록 수업을 설계해야 한다고 주장합니다. 이것이 바로 발견 학습입니다. 그래서 브루너는 교사가 탐구 과제를 제시만 하고, 방법과 절차는 제시하지 않는 것이 학생들이 능동적 자세와 성취감(발견의 기쁨)을 경험할 수 있게 한다고 주장합니다.

그러나 발견 학습을 자유방임으로 생각하면 곤란합니다. 발견 학습은 학생의 능동적 역할을 지나치게 강조하여 시행착오에서 머물고 마는 경우가 많아, 현실성이 없다는 비판을 받습니다. 그래서 교사가 안내해 줄 필요가 있다고 생각하여 탐구 수업이 출현하게 됩니다. 슈워브(J. Schwab)와 마시알라스(B. G. Massialas)는 모학문의 탐구 절차를 수업의 순서로 발전시켜 탐구 수업을 제시합니다. 여기서는 교사가 모학문의 탐구 절차를 구조화하여 학생들의 발견 과정을 안내합니다. 그들은 실증주의에서 주장하는 탐구의 논리를 수용하여, 문제 제기–가설 설정–자료 수집–자료 분석–가설 검증–결론 도출(일반화)에 따라 수업의 절차를 제시합니다. 탐구 논리는 사물과 현상을 원인과 결

슈워브(1909~1988)

마시알라스(1929~)

과로 설명하는 것입니다. 원인을 알면 결과도 예측할 수 있으므로, 예측이 핵심입니다. 그러나 연역적 사고가 발달하지 못한 학생들에게는 가설 설정이 비효과적이라고 생각하여 수정합니다. 이를 지리에 도입하여 재구성한 것이 영국 지리 교육계가 Geography 16-19 Project를 통해 제시한 '지리 탐구의 경로'입니다.

1단계는 관찰과 지각으로서 '어? 저게 뭐지?' 하고 호기심을 갖는 것입니다. 제가 울란바토르에 갔더니, 한 사찰에 이상한 기구가 있었습니다. 고기를 철판에 볶기 위한 기구일 것 같다는 생각이 들어, 가이드에게 물어보니 맞다고 하더군요. 나의 관찰과 지각이 주관적인 오류가 아니라, 객관적인 현상이라는 것을 확인하였습니다.

울란바토르 복드칸 겨울궁전의 요리 기구
(2009년)

2단계는 정의와 기술로서, '그것은 무엇인가? 그것은 어디에 있는가?' 하는 질문에 답하는 것입니다. 여기에서는 이상한 기구가 고기를 요리하기 위한 도구라는 점, 그리고 사찰이라는 장소에 위치하고 있다는 사실을 확인하는 것입니다. 그래서 몽골 현지인에게 물어보니 스님들이 세끼 모두 육식만 한다고 합니다.

3단계는 분석과 설명으로 '어떻게, 그리고 왜 그러한가?' 하는 질문에 답하는 것입니다. 몽골 스님은 왜 고기만 먹을까요? 원인은 몽골의 척박한 환경에서는 채소를 구하기 어렵고, 식량은 고기밖에 없으므로 결과적으로 육식만 하게 되었던 것입니다. 육식을 금하는 불교지만 육식밖에 없는 몽골에 적응하여 승려도 육식을 하게 된 것이지요.

4단계인 예측과 평가(판단)에서는 '무엇이 발생할 수 있는가? 어떻게 될 것인가? 그리고 어떠한(긍정적, 부정적) 영향이 나타날 것인가?'라는 질문에 답하는 것입니다. 몽골 스님이 육식을 줄이도록 하려면 어떻게 해야 할까요? 채식이 가능하도록 채소를 많이 재배해야겠지요.

5단계는 의사 결정으로 '어떻게 결정할 것인가? 그로 인해 어떤 영향이 나타날 것인가?' 하는 질문에 답하는 것입니다. 채소를 기르기 위해서는 영구동토층이 존재할 정도로 기온이 낮은 곳에서 채소를 재배할 수 있는 농업 기술을 전수해야겠지요.[1]

또 다른 사례를 4단계까지만 적용해 보겠습니다. 1단계는 울란바토르에 의외로 큰 강이 있는 것을 보고 '몽골은 사막인 줄 알았는데, 강폭도 꽤 넓고 강물도 상당히 많구나!' 하고 호기심을 가져 보는 것입니다. 2단계는 몽골의 기후 그래프를 통해 기온과 강수량을 파악해 보는 것입니다. 기후 분포도를 보니 몽골의 기후가 사막, 스텝, 타이가로 나타나 있습니다. 나의 관찰과 지각이 주관적인 오류가 아니라, 객관적인 현상이라는 것을 확인한 것이지요. 3단계는 '울란바토르는 비가 적게 오는데도 하천 유량이 풍부한 이유는 무엇일까?'라는 질문을 던지고 그에 대한 답을 찾는 것입니다. 원인은 영구동토층대의 활동층이 여름에 녹으면서 지하수가 풍부하기 때문에, 결과적으로 지하수가 하천으로 유입되어 하천의 유량이 풍부했던 것입니다. 4단계는 '지구 온난화는 몽골에 어떤 식으로 영향을 미칠까?'라

테렐지 국립공원을 흐르는 몽골의 하천(2009년)

는 질문에 대한 답을 찾으며 앞으로 일어날 일을 예측해 보는 것입니다. 영구동토층이 융해, 축소되면 하천의 유량이 감소할 수 있겠지요.

　두 가지 사례에서 확인할 수 있듯이 '지리 탐구의 경로'는 가설 검증 대신 귀납적으로 관찰하는 활동부터 시작하는 것이 특징입니다. 이처럼 탐구 수업은 학생들의 능동적으로 학습하는 태도를 함양하기 위한 시도였지만, 그 효율성에 대해서는 의문이 제기되었습니다. 전통적인 수업 방식도 잘 조직하기만 하면 더 효과가 있다는 것이지요. 어떻게 하면 그렇게 할 수 있을까요?

선행 조직자 활용 수업

모두들 탐구 수업에 열광하던 시기에 오수벨 (D. Ausubel)은 수업 내용을 잘 구조화하기만 하면, 전통적인 강의식 수업이 오히려 더 효율적이라고 주장하여 파문을 일으킵니다. 예를 들어 영화를 중간부터 보게 되면 이해가 잘되지 않아 답답한 경우가 있습니다. 전후 상황을 모르기 때문에 이해가 되지 않는 것이지요. 처음부터 보지 못했을지라도 지금까지의 줄거리를 정리해 주면

오수벨(1918~2008)

이해가 됩니다. 오수벨은 학습도 마찬가지라고 생각합니다. 학습이란 새로운 정보가 기존의 인지 구조에 정착하는 과정이라고 파악합니다.

그러려면 기존의 인지 구조와 새로운 정보를 모두 담을 수 있는 생각의 그물이 필요합니다. 그러나 이를 학생 스스로 마련하기란 쉽지 않습니다. 그래서 교사가 이 생각의 그물을 짜 주어야 합니다. 생각의 그물이란 기존의 인지 구조와 새로운 학습 과제를 포섭할 수 있는 조직 개념으로서, 바로 선행 조직자(advanced organizer)입니다. 선행 조직자는 본 차시 학습 내용을 포괄하는 상위 개념으로서, 본 차시 학습 내용과 연관 지식을 조직하는 역할을 합니다. 오수벨은 수업을 세 단계로 구분하여, 본 차시 학습 내용을 제시하기 전과 후에 이 생각의 그물을 제시하면 설명식 수업을 통해서 학습 효과가 극대화될 수 있다고 주장합니다. 제1단계는 선행 조직자 제시,

제2단계는 본 차시 학습 내용 제시, 제3단계는 인지 구조 강화입니다.

본 차시 학습 내용이 소를 바라보는 방식이 문화권마다 다름을 인식하는 것이라고 가정해 봅시다. 선행 조직자는 이 내용을 포섭하는 상위 개념입니다. 그래서 문화권마다 자연을 인식하는 태도가 다르다는 명제를 선행 조직자로 설정하였습니다. 우선 1단계는 선행 조직자 제시로서, 동서양에서 달을 바라보는 관점에 차이가 있음을 사례로 선정해서 문화권마다 자연을 인식하는 태도가 다르다는 명제를 설명합니다. 보름달에 대한 이미지는 동서양이 정반대입니다. 동양에서 보름달은 밝음, 완벽함 등을 의미합니다. 그래서 기원의 대상이지요. 추석인 음력 8월 대보름은 풍요의 상징입니다. 반면에 서양에서 보름달은 두려움의 대상으로서, 보름은 늑대인간으로 변하는 날입니다. 보름달이라는 같은 대상을 동서양이 정반대로 인식하는 것입니다. 이 내용을 통해 상위 개념인 문화권마다 자연을 인식하는 태도가 다름을 설명해 줍니다.

2단계는 본 차시 학습 내용 제시로서, 소를 바라보는 방식이 문화권마다 다름을 비교하면서 해설합니다. 인도에서는 소를 신성시하여 숭배하고, 굶어 죽더라도 쇠고기를 먹지 않습니다. 그런데 에스파냐는 투우를 즐깁니다. 한편 중국에서는 소를 경작에 이용합니다. 미국 목장에서는 햄버거 패티로 이용하기 위해 송아지를 도살하지요. 이러한 사례들을 비교하여 해설해 줍니다.

3단계는 인지 구조 강화로서, 문화권마다 자연을 인식하는 태도가 다르다는 명제의 또 다른 사례를 제시하여 인지 구조를 강화합니다. 그 사례로 동서양의 정원미에 대한 개념이 다름을 비교하여 설명합니다. 우선 프랑스의 베르사유 궁전의 정원을 보여 줍니다. 정원수와 잔디들이 세모, 네모, 동그라미로 이루어져 있습니다. 서양에서는 기하학적 규칙성을 아름답다고 생각하기 때문이죠. 그다음 한국의 창덕궁 후원을 보여 줍니다. 북한산과 응봉산 자락을 그대로 이용하여 꾸민 후원은 구불구불하고 불규칙적입니다. 자연에 순응하고 조화를 이루는 것이 미라고 생각했기 때문입니다.

이처럼 본 차시 학습 내용을 제시하기 전에 선행 조직자를 생각의 그물로 제시하여, 학습 내용을 거시적으로 자리매김하게 해 준 다음, 마지막으로 또 다른 사례에 적용하는 활동을 통해 반복 학습하는 것이지요.

선행 조직자를 활용한 또 다른 수업 사례를 들어 보겠습니다. 우리나라 고지도인 천하도에 나타난 세계관을 이해하고 설명하는 것이 본 차시 학습 내용입니다. 1단계는 선행 조직자 제시입니다. 천하도에 담긴 생각을 포괄하는 상위 개념은, 사람들은 저마다 자기가 사는 곳을 세계의 중심으로 인식하며, 고지도는 이를 표현한다는 것이지요. 이 명제가 선행 조직자입니다. 본 차시 학습 내용이 우리나라 고지도이기에, 선행 조직자의 사례는 외국 고지도에서 선정합니다. 중국 고지도, 고대 그리스 고지도, 중세 이슬람 고지도, 중세 유럽 TO 지도 등을 선정합니다. 각 지도의 중심이 어디인지를 설명하면서, 누가 어디에서 만들었는지, 어떤 종교와 관련 있는지를 해설해 줍니다. 송나라의 「화이도」를 제시하면서, 이 지도에서 중앙은 어느 국가이며, 지도 위쪽의 방위는 어디인지 설명해 줍니다. 그리고 이 지도에서 우리나라를 찾아서 해설해 줍니다. 다음은 고대 그리스 헤카타이오스가 그린 세계 지도를 제시하면서, 이 지도에서 중앙은 어느 지역인지, 지도 위쪽의 방위는 어디인지 설명합니다. 중세 유럽의 「헤리퍼드 마파문디」를 제시하고 이 지도에서 중앙은 어느 지역인지, 지도 위쪽의 방위는 어디인지, 이 지도와 관계가 있는 종교는 무엇인지 설명해 줍니다. 마지막으로 알 이드리시의 지도를 제시하고 이 지도에서 중앙은 어느 지역인지, 지도 위쪽의 방위는 어디인지, 이 지도와 관계가 있는 종교는 무엇인지 설명해 줍니다.

2단계는 본 차시 학습 내용 제시로서, 천하도에 나타난 세계관을 이해하는 것입니다. 천하도는 중국과 우리 나라를 세계의 중심으로 인식하여, 이러한 자기중심성을 도형과 지도로 표현한 것입니다. 중심에서 멀리 떨어진 곳에는 야만인과 괴물이 산다고 생각했지요. 또한 동양의 전통적 세계관인 천원지방(天圓地方)을 표현하고 있습니다.

3단계는 인지 구조를 강화하기 위한 학습 내용입니다. 선행 조직자와 본 차시 학습 내용이 모두 고지도였기에, 여기에서는 현대의 심상 지도를 사례로 선정합니다. 미국과 일본의 고등학생이 그린 심상 지도를 분석하면서, 사람들은 저마다 다른 시선으로 세계를 인식하고, 그 시선은 사람들의 세계관을 반영함(선행 조직자)을 설명해 주는 것이지요.

지금까지 살펴본 탐구 수업과 선행 조직자를 활용한 수업은 인지적 영역의 학습을 위한 방법으로서 큰 주목을 받았습니다. 한편 이와 더불어 정의적 영역의 학습 전략에 대한 논의도 활발하게 전개되기 시작합니다.

가치 교육과 의사 결정 학습

지역지리 교육은 가치 교육의 방안을 구체적으로 제시하지 못한다는 문제점 때문에 비판받았습니다. 학습 내용을 배우는 과정에서 가치관이 은연중에 습득된다고 가정하고, 가치관이 내면화되는 과정을 명시적인 구체적 단계로 제시하지 못해서 실제로 성과를 보여 주지 못하였을 뿐만 아니라 대개는 직접 가치관을 주입하려고 하였습니다.

1960년대부터 새로운 견해가 등장합니다. 학생들의 가치관을 변화시키기 위해 가치를 주입하는 것은 큰 효과가 없으며, 때로는 역효과가 발생한다는 것을 깨닫게 되었습니다. 학생들의 가치관을 변화시키려면 여러 가치관을 제시하여 학생들이 합리적으로 판단하여 선택하도록 지도하는 과정이 필요하다고 생각하게 됩니다. 소비자들이 쇼핑하면서 상품을 요모조모 따져 보고 살 때, 가격 대비 성능(가성비)이 좋다고 판단해서 구매하면 합리적으로 선택한 행위라고 하지요. 가치 교육도 이러한 원리를 도입해 보자는 겁니다. 선택하기 위해서는 대안들의 장단점을 따져 보아야 하며, 이 과정이 바로 분석입니다.

장단점을 비교해 보기 위해서는 기준이나 원리를 알아야 합니다. 이 기준이 바로 추상적인 가치관입니다. 앞에서도 언급했듯이 블룸은 가치와 태도를 수용하는 상태를 내면화의 정도에 따라 다섯 단계로 설정합니다. 소설 『나무』의 사례로 설명해 보겠습니다. 도로를 내기 위해 공원의 숲을 베려는 시 당국에 맞서 숲을 지키고자 농성하는 장면입니다. 1단계는 감

수(지각)로, ‘요새 우리 동네에서 농성하는 사람이 있구나’ 하고 인지합니다. 2단계는 반응(흥미)으로, 사람들이 왜 숲을 지키려고 농성하는지 호기심을 갖고 이유를 따져 봅니다. 3단계는 가치화(태도)로, 숲이 지닌 생태적 가치가 소중하다고 생각합니다. 4단계는 조직화로, 도심 교통을 원활히하는 것보다 다소 불편하더라도 숲의 생태적 가치가 더 중요하다고 생각합니다. 5단계는 인격화로 생태적 가치가 다른 무엇보다도 내 삶에 있어 가장 중요하기 때문에 숲을 지키기 위해 불도저를 막아서고 농성합니다.

이러한 시도에도 불구하고 블룸은 가치 선택의 기준을 제시하지 못했습니다. 그래서 콜버그(L. Kohlberg)는 피아제가 아동 인지발달단계를 제시한 것처럼 도덕발달단계를 제시하고자 시도합니다. 가치 갈등 상황에서 어떤 준거에 따라 선택하고, 판단하고 결정 내리는지가 가치 교육에서 핵심이라고 생각하지요. 그래서 주관적 근거에서 객관적 근거로 판단 기준이 성숙해 간다고 생각하여 실험 조사를 한 결과, 도덕발달단계를 여섯 단계로 제시합니다. 이러한 문제의식을 수용하여, 미국 교육학계에서는 가치관을 분석하는 합리적 절차에 따라 가치 교육의 방법을 개발하게 됩니다. 왜 가치관 분석이 필요할까요?

분석은 부분으로 나누어 보는 것, 즉 분해하는 것입니다. 추상적 가치관에 입각하여 구체적인 행위와 태도가 나타나기 때문에, 행위와 태도를 바꾸려면 그 행동 원리에 해당하는 가치관을 바꾸어야 합니다. 그러려면 가치가 내재된 행위(태도)를 분석하여 그 내재된 가치관이 무엇인지 포착해서 도출해야 합니다. 이 가치관들이 대립, 충돌하면서 가치 갈등 상황을 유발함을 파악하고, 가치관들의 장단점을 비교, 분석하여 선택하도록 수업 절차를 제시하는 것이지요.

이러한 생각에 근거하여 뱅크스(J. A. Banks)는 탐구 논리를 가치 교육에 적용하여 가치 탐구로 재구성합니다. 탐구 논리는 사물과 현상을 원인과 결과로 설명하는 것이지요. 가설도

뱅크스(1941~)

실은 검증되지 않은 예측인 것이지요. 원인을 알면 결과도 예측할 수 있습니다. 가치관 선택의 결과를 예측한 후에 판단하기 때문에 탐구라고 표현합니다. 그래서 가치 탐구와 가치 분석은 혼용됩니다.

다시 소설 『나무』의 사례를 봅시다. 시 당국에서는 도심의 교통을 원활히 소통시키기 위해 공원 숲을 베고 도로를 내고자 합니다. 환경 단체, 문화 운동 단체는 이 숲이 지닌 문화유산적 가치와 생태적 가치를 위해 보전하고자 합니다. 도심 숲을 보전해야 할까요? 개발해야 할까요?

1단계는 도심 공원 숲에서 텐트 치고 농성하는 사람들과 해산시키려는 경찰이 충돌하는 것이 진위 검증이 아닌 가치 판단의 상황임을 인식합니다. 이 단계는 '가치문제를 정의하고 인식하기: 관찰−구별'입니다.

2단계는 환경 단체, 문화 운동 단체가 공원 숲에서 텐트 치고 농성하는 상황에서 한 개인이나 집단의 가치 내재 행동을 파악합니다. 이 단계는 '가치 관련 행동을 서술하기: 서술−구별'입니다.

3단계는 이 단체들이 왜 그런 행동을 하였는가, 행동의 이유를 추론해

보는 것입니다. 이 숲이 지닌 문화 유산적 가치와 생태적 가치를 보전하기 위해서지요. 이 단계는 '서술된 행동에 의해 예시되는 가치에 이름 붙이기'입니다.

4단계는 개인이나 집단이 주장하는 것과 다르게 행동하는 경우가 있는지 파악하는 단계입니다. 문화 운동 단체는 평소 시내에 있는 박물관이 교통이 불편한 곳에 입지해 있으므로 개선해 달라고 요구해 왔는데, 지금은 입장이 돌변했습니다. 개인 내면에서도, 사회 안에서도 가치 갈등이 존재하며, 일관성 있게 의사 결정하는 것이 중요함을 인식하도록 지도해야 합니다. 이 단계는 '서술된 행동에 포함된 대립 가치를 확인하기: 확인-분석'입니다.

5단계는 환경 단체, 문화 운동 단체는 이 숲이 지닌 문화유산적 가치와 생태적 가치가 소중하다고 주장하는데, 왜 어떻게 그런 생각을 갖게 되었는지 검토합니다. 예컨대 학교에서 배워서, 미디어를 통해서, 다른 사람들의 이야기를 듣고서, 생활 속의 경험을 통해서, 꿈 속의 계시를 받고서 등입니다.

위의 사례는 한 개인이나 집단의 경우를 탐구하였는데, 집단 간의 가치 갈등을 분석하는 절차에도 적용될 수 있습니다.

한편 래스(L. E. Raths)는 가치관을 선택하는 과정이 중요하다고 제시합니다. 민주 사회가 되려면 시민들이 소신껏 선택하고 결정하는 태도와 자세를 일관성 있게 지녀야 한다는 것이지요. 상황에 따라 다른 사람의 눈치를 보면서 부화뇌동하여 그때그때마다 의사 결정을 달리하면 안 된다고 생각합니다. 그러려면 다른 사람 앞에서 자기의 소신을 당당히 주장할 수 있도록 연습해야 한다는 겁니다. 즉 당당한 소수파로 살아갈 줄 아는 자세를 강조합니다.

그후 뱅크스는 사회 탐구와 가치 탐구, 가치 명료화를 모두 종합하여 의사 결정 학습을 제시합니다. 이를 지리에 도입하여 재구성한 것이 앞서 설명한 지리 탐구의 경로로서, 쓰레기 처리 시설, 하수 처리장, 시립 화장장, 핵폐기물 처리 시설 부지 등 이른바 환경 기피 시설의 입지를 둘러싼 행정 당국, 사업 시행자, 해당 지역 주민 간의 갈등을 적용하여 분석하는 데 적합한 수업 모형입니다.

지금까지 살펴본 계통지리 교육 중심의 동향은 인지심리학의 성과를 도입하여 교육의 현대화에 큰 기여를 하였지만, 교육받은 인간의 이상적인 모습을 과학자(지리학도 포함되지요)로 상정합니다. 그러나 교육의 역할을 학생들이 인생을 잘 살 수 있도록 도와주는 활동이어야 한다는 관점에서 생각해 보면, 교육적 인간상을 과학자로 한정시킨다는 것은 다소 편협하다는 문제점이 있습니다. 과학이 아닌 다른 인간 활동은 무가치한 것일까요? 제3부에서는 이 문제에 대해 생각해 보겠습니다.

■ 주석

1. 6단계와 7단계는 가치 교육과 의사 결정의 단계로서, 122-126쪽을 참고하세요.

제3부

구성주의와 생활세계의
지리 교육

Lecture Notes on Geography Education

제11장

구성주의 도입의 배경

미국의 아미시 교도들을 아십니까? 아미시 교도들은 프로테스탄트의 한 종파로서 산업화에 따른 물질문명을 거부하고 전통의 생활양식을 고수하면서 살고 있습니다. 펜실베이니아 주에 주로 분포하는데, 자작농 중심의 자급자족 체제를 고수하고, 전기와 전화, 기계를 거부하고 자동차 대신 마차를 이용합니다. 그래서 '미국의 청학동 사람들'이라고 할 수 있습니다.

크리스탈러(W. Christaller)의 중심지 이론에 따르면 저차 중심지인 소도시보다는 고차 중심지인 대도시가 계층성이 높기 때문에 다양한 재화와 서비스를 제공합니다. 그래서 일반인들은 소도시보다는 대도시로 쇼핑하러 오는데, 아미시 교도들은 그 반대입니다. 쇼핑하러 갈 때 일부러 소도시를 선호하여, 소도시 중심의 구매 통행을 보입니다. 대도시를 타락의 온상이라고 생각하여 되도록 피하기 때문이지요. 아미시 교도들에게는 중심지 이론이 안 통하는 것이지요.

아미시 교도들에게 우리 생각을 따르라고 강요할 수도 없고, 우리와 생각이 다르다고 무시하거나 차별해서도 안 됩니다. 아미시 교도들도 우리와 동등한 인간이고 존엄성을 지니고 있기 때문입니다. 나와는 다른 사고방식을 가진 사람들이 있다는 사실을 알아야 하고, 그 타인의 마음을 이해하려 노력해야 하지요. 바로 이 점이 구성주의의 문제의식입니다. 나는 치즈 케익이 맛없는데, 다른 사람은 빵 중에서 제일 맛있다고 생각합니다. 맛있는 빵의 개념이 사람마다 다르기 때문이지요. 같은 강의를 듣고서도, 친구는 너무 감명받았다고 하는데, 나는 그다지 흥미가 없었습니다. 내가 강의에 의미를 부여하는 것은 현실성보다는 논리성이었기 때문에 그 강의가 크게 와 닿지 않았던 것입니다. 이처럼 주관적 의미 부여를 통해 능동적으로 지식을 구성해 가는 과정이 학습의 본질이라고 보는 관점이 구성주의입니다. 이러한 관점은 비고츠키(L. S. Vygotsky)로부터 시작합니다.

제2부에서 피아제는 생물학적 연령에 따라 발달 단계가 규정된다고 주장하였지요. 그런

비고츠키(1896~1934)

데 비고츠키는 피아제의 연구에 이의를 제기합니다. 비고츠키는 동일한 정신연령의 학생들에게 똑같은 힌트를 주어도 학습 향상의 정도가 다르게 나타난다는 것을 발견합니다. 예를 들어 봅시다. 하천 주변에 발달하는 평야 지형에 대한 문항을 제시하였는데, 학생들이 잘 풀지를 못합니다. 그래서 상류, 중류, 하류에서 하천의 유속이 변화되면 어떤 현상이 나타날지 생각해 보라고 힌트를 주었습니다. 이때 바로 정답을 찾는 학생이 있는 반면, 어떤 학생은 하천이 운반하던 토사가 퇴적되려면 어떤 조건이 필요한지 힌트를 주어야 이해하는 경우도 있습니다.

비고츠키는 정신연령이 8세인 두 명의 아이에게 그들이 다룰 수 있는 것보다 어려운 문제를 준 후, 약간의 힌트를 제공하였습니다. 그 결과 한 아이는 정신연령 12세 수준을 성취하였지만, 다른 한 아이는 정신연령 9세 수준을 성취하는 것을 발견했습니다. 이것을 보고 비고츠키는 그렇다면 현재 정신연령 수준이 같다고 해서 모두가 똑같다고 할 수 없다고 생각합니다. 빙산의 일각처럼 겉에 드러난 현재의 인지 발달 수준은 동일해도, 수면 밑에 잠겨 있는 부분은 학습자의 삶의 상황과 맥락에 따라 상이하다는 겁니다.

비고츠키는 교육이란 바로 현재의 인지 발달 수준을 넘어서 잠재적인 가능성까지 최대한 끌어올리는 것이라고 주장합니다. 그리고 인지 발달 수준과 잠재적인 가능성 수준의 차이를 근접발달영역(ZPD; Zone of Proximal Development)이라고 지칭합니다. 이 근접발달영역은 학생마다 상이한데, 그 이유는 지식이란 학습자가 주관적 의미를 부여하며 능동적으로 구성하는 것이기 때문입니다.

그런데 인간은 사회적 존재이므로 타인과 상호작용하면서 지식을 구성합니다. 인간이 타인과 상호작용하고 의미를 부여하는 과정에서는 언어가 중요한 역할을 합니다. 비고츠키는 피아제와 달리 언어 발달이 사고 발달을 촉진한다고 생각합니다. 비고츠키는 타인과 대화할 수 있게 된 후, 자신과 내면의 대화를 하게 되고, 이 과정에서 사고가 성숙해진다고 주장합니다.

근접발달영역을 현재화시키고, 실현시키기 위해서는 여러모로 주변 사람들의 도움이 필요합니다. 이처럼 다양하게 도와주는 방법이 비계 설정(scaffolding)입니다. 비고츠키의 근접발달영역이라는 개념을 도입하면, 학습의 개별화가 중요해지며, 학습의 개별화에 근거한 비계 설정이 중요한 수업의 원리가 되는 셈입니다. 오래전에 타계한 구소련의 심리학자 비고츠키의 주장이 1970년대부터 각광을 받게 된 것은 브루너의 공입니다. 사실 브루너가 1960년대부터 비고츠키의 견해를 서구학계에 도입하였고, 비계 설정이라는 용어도 그가 만든 것입니다.

구성주의가 교육계에 도입된 계기는 무엇이었을까요? 교육정책적 측면에서는 과학기술 만능주의에 따른 인간성의 황폐화에 대한 비판과 우려 때문입니다. 교육을 자아실현으로 바라보는 입장에서는 특히 다음과 같은 비판을 제기합니다. 교육이란 학생들이 더 나은 삶을 위해서 저마다 가능성과 잠재력을 최대한 발휘할 수 있도록 도와주는 역할이라고 생각하기 때문입니다. 교육학에서 이러한 움직임은 반향을 불러일으켜 실증주의 패러다임에 입각한 공학적 교육학에 대한 회의가 제기됩니다.

인간소외와 물질주의, 과학맹신주의 등 현대 사회의 비인간화 현상을 비판하고, 실존주의 입장에서 삶과 교육의 관계를 탐색하는 견해들이 출현합니다. 매슬로(A. Maslow)와 로저스(C. Rogers)는 자유, 사랑, 인격에 기초한 인간관을 주장하고, 인간의 존엄성과 가치를 강조하며, 교육의 본질을 자아실현이라고 주장합니다. 그러나 구성주의가 도입되기 전까지는 현실적 대안을 제시하지 못했습니다.

학문적 측면에서 인지심리학의 약점을 보완하고자 하는 구성주의가 그 대안으로 도입되면서, 학습자 중심의 방향을 모색하던 교육학자들이 비고츠키의 심리학 이론을 도입하여 구성주의 학습이론으로 재구성합니다. 기존의 학습이론을 지식의 절대성, 객관성, 진리를 강조한다는 점에서 전달주의, 객관주의로 규정하면서, 이를 극복하기 위한 시도로 구성주의를 주창합니다. 구성주의는 객관적 지식관을 비판하고 주관적 지식관을 주장하면서, 학습의 능동적 성격을 강조합니다.

브루너는 1990년대 들어서 인간은 사회적 존재이므로 타인과의 상호작용를 통해서 지식을 구성한다는 사회적 구성주의를 도입하여, 상호주관적 상호작용의 발달이 교육의 목표가 되어야 한다고 주장합니다. 브루너는 『교육의 문화(The Culture of Education)』(1996년)에서 명제적 지식의 습득(과학적 설명, 패러다임적 지식) 외에 해석학적 지식의 교육적 중요성을 강조합니다. 브루너는 실증주의에 근거한 개념과 명제들은 패러다임적 지식이라 부르고, 이외의 인간주의에 입각한 해석적 지식의 중요성을 주장하면서 이를 내러티브적 지식이라고 부릅니다. 타인에 대한 이해는 수식으로 표현되는 것이 아니라 대화의 형식, 스토리텔링된다는 의미에서 내러티브로 지칭합니다.

브루너에 따르면, 모든 인간의 마음은 자기만의 신념과 생각을 지니고 있으며, 토론과 상호작용을 통해 공유된 준거 틀로 변화합니다. 아동은 자신의 사고에 대해 생각할 수 있고, 반성(메타로 가기, 메타인지)을 통해 자신의 개념을 바로 잡을 수 있습니다. 토론, 협동, 협의를 통해 부모나 교사의 이론과 조율하는 것이지요. 그래서 브루너는 지식이란 담론 안에서, 텍스트 공동체 안에서 공유되는 것이라고 주장합니다. 교육의 목적도 사실적 지식의 획득이나 기능의 수행 역량보다는 타인의 마음을 이해하는 능력이어야 한다고 주장합니다.

그동안 교육의 본질이 자아실현이라고 생각하는 루소의 전통은 너무 이상적인 방향을 추구하는 반면 현실성이 없다는 이유로 공교육에서 외면당해 왔습니다. 하지만 개인의 능동적 의미 부여를 강조하는 구성주의는 루소의 전통을 뒷받침해 줄 심리학 이론으로서 환영받게 됩니다. 구성주의에서 교육의 목적이란 지식 구성을 통한 자존감 향상이라고 주장합니다. 지식을 상호주관적으로 구성하는 과정 속에서 자신감이 길러지고, 그래야만 학생이 자신과 타인을 새롭게 바라보게 되면서 자신의 삶이 가치 있는 인생이라는 자존감이 향상된다고 생각하기 때문입니다. 이런 관점에서는 지리를 배우는 목적은 무엇일까요?

제12장

목적: 장소감을 넘어 공감적 이해를 향하여

　인지심리학에 근거한 계통지리 교육은 미국의 HSGP를 통해 지리 교육의 현대화에 큰 영향을 미쳤습니다. 그러나 학생들의 정서적, 주관적 지리 인식을 전혀 고려하지 않았기 때문에 자아실현을 위한 교육으로서의 가치에 대해서는 회의적인 시각이 적지 않습니다. 교육 목적으로 자아실현과 주체적 인간상을 추구하면서, 인지적 측면과 정서적 측면이 조화를 이룬 전인적 인간상을 강조하게 됩니다. 이런 점에서 1970년대 후반부터 개인의 주관적 인식, 특히 정서적 측면을 주목하는 인간주의 지리학의 패러다임을 지리 교육에 도입하려는 시도가 활발하게 논의되기 시작합니다.

　프랑스의 지리학자 클라발(P. Claval)은 근대 지리 교육의 한계를 다음과 같이 지적했습니다. 지리는 지난 200년 동안 학생들로 하여금 시공간 좌표상에서 자신의 문화를 자리매김하도록 가르치는 교과였습니다. 그러나 20세기 들어 여기에 대한 회의가 제기되기 시작합니다. 20세기는 정신분석학의 시대여서, 시공간 좌표 대신 개인의 내면 세계(심리)로 침잠하여 성찰하기 때문입니다. 여기서 정신분석은 자신의 정체성에 대한 성찰이라고 할

클라발(1932~)

수 있습니다. 그래서 클라발은 정신분석 시대가 요청하는 새로운 지리 교육을 모색해야 한다고 주장합니다. 그 방향은 무엇일까요? 바로 개인의 정체성과 지리 인식의 관계를 분석하는 것으로, 일종의 '마음의 지리'라고 할 수 있습니다. 여기에 대해서 서울 영등포의 한 장소를 사례로 살펴보겠습니다.

서울 지하철 2호선 당산역 부근에 가면 '부군당'이 있습니다. 매년 음력 10월에 근처 은행나무 앞에 모여 고사를 지냅니다. 이 지역 토박이들이 옛 모습이 거의 사라진 고향을 안타까워하며, 고향의 전통을 이어가고자 하는 행사입니다. 저는 15년 전에 처음 부군당 고사를 보고 영등포를 고향으로 생각하는 사람들이 있다는 사실에 놀랐습니다. 영등포에 살고 있다고 말하는 것도 꺼리는 판인데, 하물며 영등포를 고향으로 여기다니…. 일반인들에게 영등포는 공장 지대와 사창가, 조폭들의 유흥가라는 부정적 이미지가 강합니다. 어쩔 수 없이 그곳에 살기는 하지만 기회만 되면 영등포

를 탈출해야겠다고 생각합니다. 그래서 다들 뜨내기 동네라고 생각합니다. 영등포를 기능 지역으로 바라보는 지리학자들은 부도심이라고 합니다. 그러나 부군당에서 제사 지내는 토박이들에게 영등포는 추억과 그리움의 고향입니다. 1925년 그 유명한 을축년 대홍수 당시 한강이 범람하여 영등포 일대가 물바다가 된 적이 있다고 합니다. 그때 은행나무가 있던 언덕에 주민들이 대피하여 물에 빠져 죽지 않고 살았다고 전해집니다. 그 후 은행나무 앞에 부군당을 짓고 홍수에서 구해 준 것에 대한 감사의 뜻으로 고사를 지내는 것입니다. 그래서 이 고사에 참석할 수 있는 사람은 이 지역 토박이로 자격이 한정됩니다. 여기서 토박이란 1940년 이전에 영등포에 살던 사람들과 그 후손들입니다. 왜 1940년 이전일까요? 그래야 영등포가 한강에서 배 타고 고기 잡던 어촌이었다는 것을 기억할 수 있기 때문입니다. 토박이들은 이곳에 살면서 애환도 겪었지만, 그리운 추억도 있어서 고향의 기억을 간직합니다.

이 사례에서 영등포를 부도심이라고 인식하면 지리학자입니다. 뜨내기 동네라고 인식하면 빨리 여기에서 이사 나가고 싶은 사람이지요. 그런데 영등포를 고향이라고 인식하는 사람은 자기가 바로 토박이라고 주장합니다. 영등포라는 장소를 어떻게 인식하느냐에 따라 그 사람의 정체성이 달라지는 셈입니다.

이처럼 장소는 정체성의 여러 근거들 가운데에서 무척 중요하며, 장소에 대한 느낌의 강도는 소속감의 여부에 따라 달라집니다. 그래서 그 강렬함의 정도는 소속감과 소외감이라는 양극단의 스펙트럼으로 나타납니다.

고향이나 집처럼 강한 소속감을 느끼는 사람이 있는 반면에 어디에서나 소외감을 느끼는 사람도 있습니다. 김삿갓은 평생을 방랑하며 떠돌았지만, 어디에도 정붙인 곳은 없습니다. 자신의 정체성에 대한 방향 상실 때문입니다. 김원일의 소설 『바람과 강』에서 주인공 이인태는 살아서 돌아갈 집이 없어서 죽어서 돌아갈 집을 찾습니다. 그에게는 방황하는 삶을 붙잡아 안정감을 주는 현실의 집이 없기에 명당과 풍수에 집착합니다. 집은 이처럼 안정감의 근원입니다. 자신의 집이라고 생각하는 장소의 범위는 사람마다 다릅니다.

장소감은 소속감의 정도에 따라서 그 강도가 달라지므로 장소는 개인의 안정감의 근원이며, 개인의 자아와 정체성은 장소와 밀접하게 관련 맺으며 형성됩니다. 그래서 장소감을 통해서 한 개인을 이해할 수 있습니다. 어느 일간 신문의 기획 기사 중 '나를 키운 장소'가 있었습니다. 명사들이 자기 인생에서 전환점이 되었던 계기와 그 장소를 소개하는 내용으로, 섬진강부터 녹음실까지 다양한 스케일에 걸쳐 있었습니다. 예컨대 조용필의 부산 광복동, 김용택의 섬진강, 김창완의 서울 스튜디오, 도종환의 청주 무심천 등이었습니다. 그렇다면 학생들의 내면 심리가 어떻게 장소감으로 드러나는지 살펴보도록 하겠습니다. 다음 사례는 한희경 선생님이 지도한 대전의 고등학교 학생들이 '나를 키운 장소'를 주제로 작성한 글쓰기에 나타난 장소감입니다.[1]

고등학생 사례 1

나를 지금의 나로 키운 장소는 많지만 그중에서 하나를 뽑자면 책상 밑이다. 어렸을 때는 이 장소에 숨어서 숨바꼭질을 했고 … (중략) … 그곳은 비밀의 장소가 되어서 비상금을 숨기는 곳이기도 했으며 시험을 잘못 봤을 때 성적표를 집어넣는 장소였다. 가끔씩 책상에서 공부가 안 될 때는 부모님이 보실까 하면서 장소를 생각하다 책상 밑에 웅크려 앉아서 자기도 했다. … (중략) … 가끔 어머니와 다투고 나서 소통을 닫기 위해 들어간 곳도 바로 책상 밑이다. 그 후로부터 마음이 진정되지 않을 때는 책상 밑에서 웅크려 앉아 있으면 마음이 진정되는 것을 알아서 책상 밑에 있기도 했다. 그렇게 돼서 책상 밑은 나에게는 추억과 마음에 진정을 가져다주는 의미 있는 곳이 되었고, 소중한 장소가 되었다.

고등학생 사례 2

집, 그리고 방, 나의 방, 안식처, 그리고 13센티미터 두께의 문을 경계로 생기는 피난처,

2년간 방황했다. 술과 담배에 찌들어, 앞, 바로 코앞까지도 보지 못했다. … (중략) … 슬프거나 우울할 때면 어린애마냥 벽장에 들어가 쭈구려 앉는다. 벽장은 생각보다 넓고, 생각보다 더럽다. 하지만 방 안의 또 다른 방이 생긴 것 같아 나는 종종 잠이 안 올 때 그곳에 들어가곤 했다. 아무것도 하지 않고 벽장 천장을 본다. 꼭대기 층인 17층을 넘어, 지붕 너머에 있는 밤 하늘을 상상하면 우주 속에 나 하나뿐인 기분이 든다. 변했던 것도 변할 것도 없다. 어제

처럼 밤하늘은 적적하다. 나는, 갇힌 벽장 안의 나는 결국 되살아났다. 이제 펜을 잡는다.

두 학생들의 글을 보면 장소가 집에서도 자기 방 전체도 아니고 그 일부인 책상 밑과 벽장입니다. 아마 두 학생들이 성적으로 인해 부모로부터 소외받는 마음이 책상 밑이나 벽장으로 반영되어 나타나고 있는 것 같습니다. 이처럼 우리는 장소감을 통해서 한 개인을 이해할 수 있습니다. 그러면 이 아이들의 상처받은 마음을 어떻게 치유해 줄 수 있을까요? 우선 아이가 자신의 장소감이 지닌 주관성으로 인한 폐쇄성을 극복할 수 있도록 도와주어야 합니다. 장소감은 타자를 배제시키는 심리적 근거로 작용할 수 있기 때문에, 장소감이 지닌 폐쇄성과 배타성을 극복하고, 다른 동네의 자연과 더불어 그곳 사람들도 이해할 줄 아는 인간이 되어야 합니다. 그래서 타인의 장소감을 이해하면서, 공감대를 확장시켜 나가야겠지요.

그러려면 공감적 이해가 필요합니다. 영화 "늑대와 춤을"에서 존 덴버 중위는 파견지에서 라코타 족과 만나면서, 자연과 문명이 공존하는 그들의 삶에 감화받고 라코타 족의 일원이 됩니다. 영화 "아바타"에서 주인공이 나비족의 삶에 동화되어 가는 것과 비슷합니다. 지리학자 크로폿킨(P. A. Kropotkin)은 빙하 지형을 연구하기 위해 시베리아로 답사를 떠났다가 그곳에서 농노의 비참한 삶을 목격하고는 혁명가가 됩니다. 그렇다면 교육 목적인 장소감을 넘어 공감적 이해가 발달하도록 도와주려면 어떻게 해야 할까요 ?

■ 주석

1. 한희경, 2013, '장소를 촉매로 한' 치유의 글쓰기와 지리 교육적 함의: '나를 키운 장소'를 주제로 한 적용 사례, 대한지리학회지, 48(4), 589-607.

제13장

내용: 사적 지리와 청소년의 생활세계

장소감이 지닌 주관성으로 인한 폐쇄성을 극복하고, 타인의 장소감을 이해하면서, 공감대를 확장시켜 나가려면 어떤 교육적 경험을 제공해야 할까요? 어린 왕자의 이야기부터 생각해 보겠습니다. 소행성 B612를 떠나 여행을 하던 어린 왕자는 여섯 번째 별에서 지리학자를 만납니다. 지리학자는 어린 왕자가 살던 별에 대해 이야기해 달라고 하지요. 어린 왕자는 화산이 세 개 있다고 대답한 후, 꽃도 하나 있다고 덧붙입니다. 그런데 지리학자는 꽃 따위는 기록하지 않는다고 대답합니다. 어린 왕자에게 꽃은 미운 정 고운 정이 다 든 이쁘고, 소중한 꽃인데 말입니다. 지리학자가 보기에 꽃은 금방 시들어 버리는 일시적인 존재이므로 중요하지 않다고 대답합니다. 지리학 책에는 정말 중요한 것들만 기록한다면서, 그것은 산과 바다처럼 변하지 않는 것들이라고 대답합니다.

지리학자가 기록하는 지리학 책이란 누구나 공유하는 객관적 지식을 담고 있지만, 어린 왕자의 소중한 꽃은 기록되지 않습니다. 그 꽃은 어린 왕자 혼자만 알고 있는 식물 지리이기 때문입니다. 이처럼 개인의 주관적 지리 인식과 환경에 대한 정서적 반응은 개인만의 비밀스러운(은밀한, 내밀한) 지리 인식이기에 '사적 지리(개인 지리)'라고 합니다. 사적 지리는 일상생활의 경험 양식으로 존재하는 지리로서, 학생들이 일상생활 속에서 암묵적으로 형성하고 있는 지리 지식입니다. 따라서 사적 지리는 반드시 수업 시간을 통해서만 학습되는 것이 아니라, 이미 학생들이 자신의 삶에서 수많은 지리적 문제 상황에 직면하여 대처해 나가는 과정에서 개인적으로 형성된 지리 지식입니다.

이와 대비하여 지리서는 지리학의 권위자로부터 공인받은 진리를 기록한 것이라는 점에서 공적 지리라고 합니다. 이처럼 다수가 공유하여 제도적으로 공인받은 지리 지식이 바로 '공적 지리'입니다. 여기에는 학자들의 지리 인식 외에도 정부에 의한 지리 인식 등이 포함되며, 교육과정과 교과서 내용도 그 일부입니다. 그동안 지리 교육에서는 공적 지리만을 교육적 가치가 있는 지식으로 간주하여 사적 지리를 무가치한 지식으로 무시해 왔습니다. 그러나 교육의 목적이 자아실현이라고 생각한다면, 지리의 의미를 내면화하는 과정이 가장 중요합니다. 교육의 관점에서 보면, 사적 지리란 성장 과정의 경험을 통해 지리의 의미가 내면화되어 있는 것입니다.

지리 교육은 이 사적 지리의 한계를 넘어서면서 한 차원 높은 수준으로 고양시켜 나가는 과정이며, 이를 위해서는 공적 지리와의 대화가 반드시 필요합니다.

사적 지리의 대표적인 경우가 장소감입니다. 영등포를 부도심이라고 하는 것은 공적 지리인 반면에, 영등포를 고향이라고 생각하거나 뜨내기 동네라고 여기는 것은 사적 지리입니다. 이러한 입장에서 보면 지리 수업이란 학생의 사적 지리와 교육과정, 교과서의 공적 지리를 교사가 매개하는 과정이라고 해석할 수 있습니다. 지리 교육(공적 지리)은 학생 개인이나 타인의 사적 지리를 성찰하는 학습 경험을 제공해야 하며, 이 과정에서 학생의 사적 지리를 확장, 심화시켜 나가야 합니다. 소설 『나무』를 보면 주인공 애슐리가 지리 교사로 발령을 받고 수업하는 장면이 나옵니다. 학생들은 전부 졸고 있고 수업에는 관심도 없습니다. 유안이 질문을 합니다. 이런 걸 뭐하러 배우냐고요. 유안은 수업에서 배우는 것은 쓸모없다고 생각하여 학교에 나오지 않았습니다. 자기 동네에서 벌어지는 도심 숲 파괴 사태에는 책임감을 느끼고 시위에 참여하면서도, 도시 구조 수업 내용과는 무관하다고 생각한 것이지요. 개인이 나만의 소중한 의미가 담겨 있다고 생각하는 지리 지식과 교과서 속의 지리 지식은 다르다는 것이지요.

지리 교육에서 학생의 사적 지리를 공적 지리와 연계해 줄 수 있도록 학습 경험을 제공하려면 어떻게 해야 할까요? 오래전부터 많은 사람들이 우선 자기 동네에서 내부자(insider)로서 소속감을 지니도록 하는 것에서 시작하자고 생각해 왔습니다. 이러한 생각의 뿌리는 루소의 전통에서 시작하여 미국의 사회과에서 제시한 지평확대법까지 이어집니다. 루소의 전통에 근거한 미국 사회과의 지평확대법은 친숙한 것에서부터 학습을 시작하자는 의도로 우리 동네에서 국가로, 나아가 세계로 학습 경험을 확장하는 방향으로 교육과정을 구성해야 한다고 주장합니다. 그러나 매스미디어와 더불어 성장한 요즘 아이들에게는 글로벌한 세상이 낯설지 않고 오히려 친숙합니다. 이 점에서 호기심과 동기 부여를 위해서는 학습의 방향을 거꾸로 설정하자는 지평확대 역전모형이 제시되었습니다. 그러나 경험의 친숙함은 자기 동네로부터 원근에 따라서만 결정되는 것은 아니며, 그렇다고 글로벌 스케일로부터 로컬 스케일에 따라서만 결정되는 것도 아닙니다. 오히려 청소년들은 대중문화에 관심과 흥미가 높고 친숙합니다. 최근에는 이처럼 청소년들의 생활세계에 대한 연구가 활발히 전개되고 있습니다.

그러면 생활세계란 무엇일까요? 과학적 지식으로는 지구가 자전한다고 배워도, 막상 일상생활에서 이 명제를 의식하는 경우는 별로 없습니다. 의식주 문제를 해결하기 위해 급급하며 살아가는 일상생활 속에서는 아침에 해 뜨면 일어나서 일터로 나가고, 해가 지면 집으로 돌아옵니다. 여기에 구태여 지구가 자전한다는 지식은 필요가 없습니다. 그래서 일상생활에서는 지구의 자전이 아니라 해가 뜨고 진다고 인식합니다. 이처럼 일상생활 속에서 경험하는 상대적이고 주관적인 지식으로 이루어진 세계가 바로 생활세계입니다. 우리의 행위와 태도는 객관적인 세계가 아니라 바로 이 생활세계를 전제로 이루어집니다. 일상생활은 삶의 지평을 이루기 때문에, 우리는 일상생활을 기반으로 하여 주관적으로 의미를 부여합니다. 즉 삶의 지평을 준거로 의미를 부여하게 되고, 이 의미들로 구성된 세계가 바로 생활세계입니다. 아미시 교도가 청학동 사람들처럼 살아가는 이유는 의식주 등 일상생활(삶의 지평)에서 물질적 욕망을 충족하기보다는 교리와 신앙에 충실하고자 해서입니다. 아미시 교도의 생활세계는 지상(속세)이 아니라 천상이라고 해석할 수 있습니다.

  1960년대 인도의 급격한 인구 증가를 우려한 서구에서 산아제한을 지원해 줍니다. 미국 교수들이 농촌을 방문해서 산아제한의 필요성을 설득하고 피임법을 소개합니다. 촌장과 원로들은 수긍하면서 고개를 끄덕였습니다. 그러나 10년 후에 다시 방문하였을 때 집집마다 자녀가 7, 8명씩 있는 것을 보고 경악을 금치 못합니다. 그래서 마을 원로에게 따지면서 물어봅니다. 마을 원로들은 미국 교수들이 틀렸다고 지적합니다. 자식이 많아서 자신들의 살림이 넉넉해지고 형편이 피었다고 대답합니다. 10살 넘은 아이들이 다른 집 일손을 거들고 돈을 벌어 오기 때문이랍니다. 그러면 10년 전에 왜 수긍한 듯이 끄덕였을까요? 먼 타국에서 자신들을 위해 찾아왔다고 하니 미안해서 그랬다고 대답합니다. 이 사례에서 인도인과 미국인의 생활세계가 다르기 때문에 인구문제를 바라보는 방식도 서로 다릅니다. 미국인의 생활세계에서 자녀 출산 문제는 양육과 교육에 드는 비용이 큰 부담이지만, 인도 마을 원로의 생활세계에서는 미성년 자녀 노동, 가족 노동이 중요하기 때문입니다.

  이란의 영화 감독 키아로스타미(A. Kiarostami)는 "내 친구의 집은 어디

키아로스타미(1940~)

인가(Where Is The Friend's Home?)"에서 이란 어린이들의 현실을 생생히 보여 주어 세계의 주목을 받았습니다. 영화는 교사가 아이들의 숙제를 검사하는 장면부터 시작합니다. 그런데 네마자데가 친척 집에 공책을 놓고 와서 공책 대신 종이에 숙제를 해 왔습니다. 교사는 이 종이를 찢어 버리면서, 다음에도 숙제를 공책에 해 오지 않으면 퇴학시키겠다고 합니다. 겁먹은 네마자데는 울먹이고, 짝꿍인 아마드는 친구를 연민의 눈길로 바라봅니다. 아마드는 방과 후 네마자데와 잠깐 같이 놀다가 헤어져 집에 옵니다. 집에 와서 숙제를 하려고 가방을 펼친 아마드는 짝꿍인 네마자데의 공책이 자신 가방에 들어 있는 것을 알게 됩니다. 아마드는 네마자데가 퇴학당할지도 모른다는 죄책감 때문에, 친구에게 공책을 가져다주러 갑니다. 네마자데가 산다는 포시테 마을을 향해 길을 떠나지만 처음 가 보는 동네에서 어디인지도 모르는 친구의 집을 찾기란 쉬운 일이 아닙니다. 그 여정 속에서 만난 어른들은 하나 같이 아이들을 인격체로 받아들이지 않고, 아마드가 몇 번씩 물어봐도 들은 채 만 채 일방적으로 자기 이야기만 반복할 뿐입니다. 아마드의 엄마도 집안일을 끝내고 가라고 다그칩니다. 길가에서 만난 할아버지는 아마드를 윽박지르면서 담배 심부름을 시킬 뿐입니다. 우여곡절 끝에 포시테 마을에 도착했지만 네마자데란 이름을 가진 집이 한 두 집이 아니어서 결국 아마드는 네마자데의 집을 찾지 못하고 맙니다.

이 영화는 제목부터 '어디(where)'가 들어가니 참 지리적이지요? 영화에 나오는 이란 아이들은 가장 친한 친구의 집이 어디인지 모릅니다. 아이들은 학교에서 만나는 시간을 제외하면 다들 집안일을 돕느라 친구는 고사하고 혼자 놀 시간도 없기 때문입니다. 하물며 옆 동네로 놀러 갈 시간은 더더욱 없을 수밖에요. 이 영화는 그래서 가장 친한 친구의 집마저 모를 수밖에 없는 이란 어린이의 생활세계를 적나라하게 폭로한 셈입니다.

우리 아이들이 어렸을 때 『피노키오』를 읽어 주곤 했는데, 어느 날 문득 '피노키오와 위험한 골목길'이란 생각이 들었습니다. 피노키오가 여우와 고양이를 만나 꾐에 빠져 학교는 안 가고 딴 길로 빠지지요. 매번 제페토 할아버지에게 죄송하다면서 반성하지만, 또 집을 나서 유혹을 만나면 굴복하고 맙니다. 그런데 문득 '피노키오가 유혹에 빠져 학교로 가지 않고 딴 길로 새는 곳이 매번 골목길, 그 학교 가는 골목길이구나!' 하는 생각이 떠올랐습니다. 왜 피노키오는 그 골목길에서 딴 길로 새는 걸까요? 피노키오는 집에서 제페토 할아버지가 가르쳐 준 것과 학교에서 배운 것 말고 새로운 무엇을 경험하고자 한 것입니다. 바로 사회를, 세상을 경험하는 것이지요. 피노키오는 집과 학교에서 배운 것과 골목길에서 경험한 것 사이에서 가치관의 혼란과 갈등을 겪고 있는 셈입니다.

어린이들이 경험하는 지리적 공간 인식은 보행로를 따라 주관적으로 인식한 골목길인 셈입니다. 등질 지역과 기능 지역의 개념으로는 이 좁은 면적이 어린이에게 얼마나 큰 영향을 미치는지 파악하기 힘듭니다. 그래서 새로운 개념을 도입해서 파악해야 하는 것이지요. 우리나라 초등학생들에게 집에서 학교 가는 생활 공간을 심상 지도로 그려 보게 했더니 5학년 무렵부터 골목길에 극장을 그려 넣는 겁니다. 왜 극장에 주목하게 된 걸까요? 바로 성에 눈뜨기 시작했기 때문입니다. 5학년이 되면서부터 남자아이들은 극장을 지나가다가 노출이 심한 여배우들의 모습을 호기심 어린 눈으로 보게 되었던 것입니다.

이처럼 생활세계란 개인들이 주관적 의미를 부여하는 기준이 되는 일상생활입니다. 시공간의 제약 속에서 평범하고 진부한 일상생활이 이루어지는 과정은 지리적 특성을 강하게 나타냅니다. 주관적 지리 인식에서도 서로 공유하는 부분이 있는데, 그 이유는 생활세계가 같아서 그렇습니다. 생활세계가 다르면 어렵게 노력해야 상대방을 이해할 수 있지만, 생활세계가 같으면 쉽게 서로 소통할 수 있습니다. 이처럼 구성주의 지리 교육에서는 생활세계에 대한 이해를 통해서 공감적 이해의 바탕을 마련하려는 것입니다. 그렇다면 생활세계를 학습하는 방법은 무엇일까요?

제14장

방법: 내러티브를 활용한 학습

입시 교육의 폐해가 고전 명작 소설을 줄거리만 다이제스트로 읽는 것이라고들 지적합니다. 책을 직접 읽지 않고 그렇게 줄거리만 요약해서 알면 되는 일인가요? 교과서는 왜 재미없을까요? 교과서를 소설책처럼 읽는 사람이 있을까요? 교과서가 소설책 같다면 얼마나 좋을까요? 소설책은 이야기인 반면에, 학문적 글쓰기는 논(설)문이어서 문학과는 달리 어렵고 재미없습니다. 옛날이야기를 해 준다고 하면 아이들은 다 좋아합니다. 그만큼 이야기에는 사람을 매료시키는 흡인력이 있습니다. 그러나 근대 이후부터 소설, 기행문, 편지글 등의 문학적 형식은 진지한 내용이 아니라고 생각하여 좀 낮추어 보는 경향이 있습니다. 그래서 교수나 박사와 비교하여 작가는 지식인이 아니라고 여기기도 합니다. 지리에서도 기행문 대신 논(설)문, 나아가 수식으로 표현해야만 학문적 깊이가 심오하다고 생각을 해 왔지요.

그런데 생활세계는 주관적 의미와 관련된 영역이어서 논(설)문 형식을 통해서 객관적 인과관계를 분석하는 방식으로는 파악할 수 없습니다. 그렇다면 이러한 생활세계를 학습하는 방법은 무엇일까요? 앞에서 소개한 김원일의 소설 『바람과 강』의 무대는 포항 북구 죽장면 입암리입니다. 주인공 이인태는 이곳 장터 삼거리 주막에서 기둥서방으로 살아갑니다. 한마디로 주모 등쳐 먹고 살아가는 쓰레기 같은 놈이지요. 그가 왜 이런 인생을 사는지 그 사연을 들어 보기 전에는 보잘것없는 인생이라고 비웃을

김원일의 소설 『바람과 강』의 무대인 입암리(2014년)

수 있습니다. 그러나 그가 독립운동하러 만주에 갔다가 일본 경찰에 잡혀 고문을 당해 본의 아니게 동지들의 아지트를 발설하는 바람에 배신자로 낙인 찍혀 만주 벌판을 정처 없이 방랑하던 사연을 듣고 나면 이제 그가 다르게 보입니다. 친구들만 그 사연을 알고 있기 때문에 그 사연을 안다는 것은 바로 그와 친구가 되었다는 의미입니다. 이처럼 생활세계를 학습하는 방법은 이야기를 통해 공동체에 참여하는 것입니다.

제7장에서 피터스와 허스트가 지식의 형식을 분류하면서, 자아와 타인에 대한 이해는 마지못해 지식의 형식으로 인정하면서도 성격이 모호한 지식이라고 언급했던 것 기억나세요? 수학이나 자연과학을 표준으로 설정하고 여기에 대입하려니 명확하게 성격을 규정 짓지 못했던 것입니다. 이제 브루너는 이 지식들을 복권시키고자 시도합니다. 브루너는 1990년대에 와서 상호주관적 상호작용의 발달이 교육목표가 되어야 한다고 주장합니다. 이를 위해서는 해석학적 지식, 달리 표현하여 내러티브(Narrative)적 지식이 중요하다고 주장합니다.

내러티브적 지식은 참, 거짓에 따라 구분되는 것이 아니라, 의미 있는 명제와 무의미한 명제로 구분됩니다. 나에게 의미 있는 명제가 다른 사람에게는 무의미한 명제가 될 수도 있습니다. 미국인에게 있어 자녀 출산은 양육비와 교육비 부담의 문제라는 명제이지만 인도인에게는 무의미할 수 있습니다. 서구인과 인도인의 맥락이 달라서 그렇습니다. 이 맥락이 다르다는 것을 이해시키려면 내러티브가 필요합니다. 왜 그럴까요? 고정된 지식이 아니라 진행형 지식이어서 그렇습니다. 시시각각 변하는 지식이어서 한순간에 전모를 파악할 수 없기 때문입니다. 조금씩 알아 가면서 생각이 바뀌는 것입니다. 예를 들어 우리는 책을 다 읽기 전에는 그 책이 좋은 책인지, 아닌지 알 수가 없습니다. 읽어 나가면서 전체 윤곽에 대한 생각이 바뀌어 가고, 전체에 대한 생각이 지금 읽고 있는 부분에 대한 생각을 바꾸게 됩니다. 내러티브란 용어는 달리 말하면 우리가 살아가는 모습과 주관적으로 의미를 부여하는 과정이 책 읽기와 유사하다는 것입니다. 즉 세상=책이라는 것이지요. 등장인물들의 태도와 행동을 보면 처음에는 잘 이해되지 않을 때가 많습니다. 전체 내용을 알아 가면서 차츰차츰 이해되는 것이지요. 이처럼 우리도 사람들의 태도와 행동을 이해하려면 그들이 살아온 사연을 이해해야 합니다. 즉 타인들의 생활세계를 학습하는 방법은 내러티브를 통해 텍스트 공동체에 참여하는 것입니다.

지금까지 생활세계를 이해하는 방식으로서 내러티브에 대한 이론적 논의를 소개했습니다. 이제 학습 방법으로서 내러티브가 지닌 의의를 살펴보기로 하겠습니다.

영화나 드라마를 줄거리만 요약해서 보면 재미가 반감됩니다. 우리가 재미를 느끼는 부분은 구체적이고 세밀한 장면이기 때문입니다. 이 내러티브적 장치들이 바로 맥락을 제공하며, 등장인물과 사건에 생동감을 불어넣기 때문입니다. 그래서 내러티브는 흥미를 유발하는 수단으로 효과적입니다. 왜 그럴까요? 등장인물이 있고, 사건 전개가 있어, 결말이 궁금해지기 때문에 상상력을 자극할 수 있기 때문입니다. 이러한 특성으로 인해 내러티브는 누구나 이해하기 쉽기 때문에 학습의 개인 차를 줄일 수 있습니다. 그래서 공감대가 넓은 이야기일수록 흥미를 유발하기 쉽습니다.

이야기 속에서 등장인물이 펼치는 사건을 통해 개별 사실들이 연결되는데, 이 연결 고리를 플롯이라고 합니다. 내러티브는 플롯을 통해 전체 이야기가 의미 있게 구성되도록 저자가 일관된 관점을 갖고 구성한 것입니다. 따라서 내러티브는 학습 정보를 기억하는 수단으로도 효과적입니다. 왜 그럴까요? 파편화되고 분절화된 내용들을 하나로 묶어 주는 유의미한 맥락을 제공하기 때문입니다. 예컨대 교통수단의 변천사를 항목별로 정리한 내용보다, 이를 의인화시켜 이야기를 만들면 훨씬 흥미롭게 됩니다.

흥미를 유발하기 쉽다는 내러티브의 매력 때문에 학생들은 자칫 이를 무비판적으로 수용하기 쉽습니다. 그래서 내러티브를 비판적으로 분석하는 방향으로 교육해야 하며, 이 상황에서 내러티브는 고차 사고력을 함양하는 수단으로 효과적일 수 있습니다. 혹은 동일한 내용을 전혀 다른 각도에서 새로운 내러티브로 만드는 활동을 통해서도 활용할 수 있습니다.

내러티브는 흥미 유발 수단으로서의 가치 때문에 교사가 수업 시간에 설명하는 방식으로도 효과적으로 활용할 수 있습니다. 나아가 수업 자료를 구성하거나 교과서를 서술하는 방식으로 최근 주목받고 있습니다. 내러티브는 무엇보다도 등장인물과 사건에 생동감을 불어넣기 때문에 감정이입을 용이하게 하여 타인에 대한 공감적 이해의 수단으로서 효과적입니다. 이러한 점에서 가치 교육에서 도덕적 딜레마를 구성하는 수단으로도 효과적으로 활용할 수 있습니다. 다음 사례는 내러티브를 활용해서 우리나라의 교통통신의 발달 과정을 설명하고 있는 훌륭한 사례입니다.

교통쟁란기(交通諍亂記)[1]

절대 강자가 없었던 한반도에서 천하제일이 되기 위한 교통 무림(交通武林)의 처절한 싸움. 불멸의 역사를 자랑하는 무림의 태두 도로파, 물자 수송에 있어 천하제일을 지키려는 수운파, 외세의 힘을 업고 무림을 평정했던 철도파. 최고만이 살아 남는 교통 무림(交通武林) 속에서의 피를 부르는 음모와 계략, 그리고 계속되는 반전과 숨막히는 긴장감.

이 교통 무림의 소용돌이 속에서 과연 최후의 승자는 누구일까?

무림의 양대 세가(兩大勢家), 도로파와 수운파

오랫동안 한반도의 교통 무림을 지배해 온 양대 세가(兩大勢家)가 있었으니 그 이름은 도로(道路)파와 수운(水運)파였다. 도로파와 수운파는 이 땅을 움직여 온 실세였고, 서로 간의 세력을 견제하며 경쟁과 협력을 통해 공존의 길을 걸어왔다.

강호의 역사와 함께 한 도로파는 사람이 있는 곳이면 어디든지 그 뿌리를 내렸다. 고려 시대를 거쳐 조선 시대에는 구대 분파(九大分派)를 만들어 낼 만큼 확고한 지위를 갖고 있었다. 이 중 가장 세력이 컸던 곳은 중국과의 교류를 통해 세력을 키웠던 서로(西路, 서울~의주)파였다. 임진왜란 이후에는 일본과의 교류가 빈번해지면서 영남로(嶺南路. 서울~부산)파도 주요 세력으로 등장하였다. 이들 도로파는 그 하부에 역(驛)이나 원(院)을 두어 세력을 확대해 나갔고 조선 후기에는 주막과 객주를 끌어들여 한반도 내륙의 상권을 장악하였다.

도로파에 전수되던 비법(祕法)은 마법(馬法)이라기보다는 보법(步法)이었는데, 단거리 소량 수송, 융통성, 문전 연결성(門前連結性, 출발지의 대문에서 도착지의 대문 앞까지 수송이 가능함)이라는 세 가지 초식으로 구성되어 있었다. 그 중에서도 문전 연결성은 도로파가 중원의 오랜 명문으로 자리잡게 된 중요한 초식이었다.

한편 수운파의 세력도 그에 못지 않았다. 나라의 중요한 공물세를 나르는 일을 도맡았으며, 조운(漕運) 제도에 힘입어 세력을 펼쳐 갔다. 수운파에게도 도로파에 못지 않은 교통 비법이 전수되고 있었는데, 장거리 대량 수송, 저렴한 운송비라는 초식이었다. 이로 인해 사람들은 대부분 도로파에 합류하였고, 물자는 수운파를 맹주로 받들었다.

조선 전기에는 두 가문 모두 공력이 약하여 서로에게 큰 상처를 입히진 않았다. 하지만 18세기 이후부터 서서히 수운파의 무공이 강해져 도로파를 앞지르기 시작했다. 여기에는 수운파의 피나는 노력도 있었지만, 18세기 이후 대두된 실학과 상품 유통 경제가 활발했던 시대적 조류를 잘 이용했던 탓도 있다.

이 시기의 상황을 당대의 최고 지리학자였던 이중환은 『택리지(擇里志)』에서 다음과 같이 쓰고 있다.

'물자를 옮기는 방법은 신농(神農) 성인(聖人)이 만든 법인데, 이러한 법이 없다면 재물이 생길 수 없다. 그러나 물자를 옮기는 데 있어서 말이 수레보다 못하고, 수레는 배보다 못하다. 우리나라는 산이 많고 들이 적어서 수레가 다니기에는 불편하므로, 온 나라의 장사치는 모두 말에다 화물을 싣는다. 그러

156

나 목적지가 멀면 노자는 많이 허비되면서 소득은 적다. 이러므로 배에 물자를 실어 옮겨서 교역하는 이익보다 못하다.'

이러한 연유로 19세기에는 수운파의 밑으로 수많은 상인들이 모여들어 장시(場市)를 형성했으며, 수운파의 도움으로 상인들이 각 지방의 중심 세력으로 성장하였다. 물론 도로파의 밑에서도 봇짐장수를 중심으로 장시(場市)가 형성되기는 하였으나 그 규모가 수운파에 미치진 못하였다. 도로파는 오랜 역사적 경험을 통해 그들의 생존 방식이 무엇인지 알고 있었다. 와신상담(臥薪嘗膽), 기회만을 엿볼 수밖에 없었다. 도로파는 수운파를 도와 수운파의 세력이 미치지 못하는 나라의 구석구석으로 물자를 배분하며 생존의 길을 찾았다.

철도파 등장하다

오랜 세월 동안 도로파와 수운파가 양립하던 이 땅에 외세가 침입할 줄이야!

일본이 끌어들인 철도(鐵道)파는 유럽의 발달된 과학이 만들어 낸 무림의 신진 세력이었다. 철도파는 이 땅의 가장 강력한 세력가인 수운파에게 도전했는데 그 결과는 싱겁게 끝이 났다. 수운파는 중원을 12시간 안에 가로지르는 철도파의 유통 비행(流通飛行)에 일격을 당하여 반격도 제대로 못하고 무릎을 꿇었던 것이다.

이런 광경을 지켜본 많은 사람들과 상인들은 모두 철도파로 모여들었고, 이렇게 모여든 장시는 더욱 커져서 도시로 발전하였다. 한편 일제의 철도파는 강력한 내공뿐만 아니라 권모 술수에도 능했다. 이들은 수운파 아래로 모여든 물자를 자신들의 휘하로 끌어모아 이 땅의 상업 자본가를 몰락시킨 후, 나라의 모든 자본을 자신의 휘하로 끌어들였다. 그로 인해 철도파는 명실공히 무림 최강의 고수로 자리 잡았다.

수운파의 몰락을 지켜본 도로파 역시 철도파의 무공에 생명의 위협을 느꼈다. 도로파는 이전에도 그랬듯이 난세의 처세술을 펼쳤다. 바로 신(新)도로파인 신작로(新作路)의 영입이었다.

일본에서 자동차를 이용한 선진 권법까지 익힌 신작로는 구(舊)도로파의 장문들에게 지금은 철도파의 시대이니 그들에게 기생해야 한다고 설득했다. 결국 신·구도로파는 철도파가 이 땅의 구석구석까지 장악할 수 있도록 협조했다. 그러나 구도로파의 장문들은 철도파를 등에 업고 이 땅의 최고수가 되려는 신도로파의 야심을 알지 못했다. 신도로파는 철도파가 자신을 키워 준 일제에 보답하고자 일제의 중국 침략을 돕고, 이 땅의 물자를 빼돌려 일제의 배를 불려 주려는 계획을 알고 있었다. 하지만 그들은 이 땅의 최고수가 되는 것 외에는 관심이 없었으며, 아직 무공이 부족하여 철도파와의 일전은 자신에게 이익이 되지 못함을 간파하고 있었다. 철도파가 이 땅의 남북을 연결하며 세력을 확장할 때 신도로파 역시 남북을 연결하고 철도파의 대륙 침략을 도우면서 때를 기다리고 있었다.

그러던 중 교통 무림에 일대 변혁이 일어났다. 바로 6·25 전쟁이 발발한 것이다.

도로파의 종손 고속 도로의 등장

이 시기를 신도로파는 놓치지 않았다. 전쟁의 와중에 군부의 내공이 얼마나 강한지를 간파한 신도로파는 군부의 힘을 업고 전국 각 지역으로 세력을 확장하여 철도파를 견제하는 세력으로 성장했다. 철도파도 도로파의 세력 확장을 보고만 있지는 않았다. 지금까지 소외되었던 태백산지로 세력을 뻗어 이 땅에 동력 자원을 공급하는 중요한 지위를 확보하며 도로파를 견제하였다.

그러나 철도파는 수운파가 자신에게 제압당했던 것처럼 고속 도로에게 무릎을 끓었다. 고속 도로는 도로파의 종손으로 독일에서 당대 최고의 무공인 신축지법(新縮地法)을 익히고 돌아왔다.

고속 도로는 철도파가 산악 지형에 취약하고 건설비가 막대하다는 허점을 파고들어 동서남북을 연결하는 경부, 호남, 영동에 신축지법을 펼치며 철도파의 주요 거점들을 장악해 나갔다. 사람들은 고속 도로의 진법에 넋을 잃고 구름처럼 몰려들어 고속 도로를 따라 거대한 집단을 형성했다. 이때 고속 도로의 음덕을 가장 많이 받은 서울은 지금까지도 난공불락의 명성으로 이 땅에 군림하고 있다.

그러나 천하의 운세는 한쪽으로만 기울지 않는 법. 도로파가 고속 도로의 신기(神技)를 펼치는 동안 무림의 역사에는 거센 역류의 물결이 밀려들고 있었다. 난세의 간신들이 땅 투기의 요술을 부려 도로파의 세력 확장을 막았고, 천정부지로 치솟은 토지 보상비는 철도파의 건설비를 능가하게 되었다. 또한 신축지법의 고속 도로는 엄청나게 몰려든 자동차의 물결로 내공의 힘을 잃어

가기 시작했다.

교통 독존(交通獨尊) 고속 전철

이런 도로파의 약점을 철도파가 놓칠 리 없었다.

도로파의 혼들림을 틈타 상당수의 세력을 규합한 철도파는 프랑스에 비전(秘傳)되고 있던 교통 비행록(交通飛行錄)을 익히느라 여념이 없는 고속 전철을 불러들였다. 교통 비행록의 제 일 초식인 차륜 구동법(車輪 驅動法)을 이용한 축지 행공(縮地行空)은 단 한 번의 도약으로 삼백 장 이상의 비행이 가능하였다.

축지 행공의 무공은 엄청난 것이었다. 이를 본 무림의 고수들이 놀라 자빠졌던 모습은 지금도 웃음거리가 되고 있다. 한편 제 이 초식인 첨단 공법 또한 무림 최고의 토목 공법으로, 당할 자가 없었다. 여기에 고용 창출(雇用創出)이라는 초식까지 더해져 고속 전철이 이 땅의 교통 독존(交痛獨尊)이 되는 것은 시간 문제인 것처럼 보였다.

그러나 완벽한 검법은 없는 것일까? 프랑스와 달리 산지가 많은 이 땅의 지형은 고속 전철의 축지 행공에 크나큰 장애가 되었다. 설상가상으로 너무 성급하게 세력 확장만을 꾀했던 고속 전철은 기존의 무림 고수들에게 일격을 당하여 상당한 내공의 손실을 입었다. 하지만 철도파는 언젠가는 도로파를 제압할 것이라고 믿고 있다. 그래서 고속 전철이 지방의 군웅을 지배하며 그의 휘하로 사람을 끌어모아 옛 명성을 되찾을 날을 학수고대하는 것이다.

아아! 앞으로 이 땅의 교통 무림에는 어떤 새로운 고수가 등장할까?

이처럼 내러티브는 지리적 상상력을 자극하고, 지리적 가치를 전달하는 매개의 역할을 하며, 지리적 이해를 촉진한다는 점에서 구성주의 지리 교육에서 가장 중요한 학습 방법으로 주목받고 있습니다.

그동안 지리 교육평가에 대한 논의는 미루어 왔습니다. 그 이유는 우선 개별 교과만의 독특한 이론이 없기 때문입니다. 그리고 교육 내용이나 교육 방법의 변화와는 다소 겉돌면서, 이런 변화로부터 거의 영향을 받지 않았기 때문입니다. 교육평가에서 실질적으로 근본적인 변화가 나타나는 것은 구성주의에 와서입니다. 어떤 변화가 나타났을까요?

■ 주석

1. 지리교사 모임 지평, 1999, 지리로 보는 세상, 문창, 289-297.

제15장

평가: 대안적 평가관의 모색

　류시화의 잠언시집『지금 알고 있는 걸 그때도 알았더라면』에 보면「수업」이란 시가 나옵니다. 예수가 산상수훈을 설교하는 장면을 패러디 하여 열두 제자가 질문하는 장면이 나옵니다. 예수의 가르침을 듣고 나서 제자들이 친구보다 시험을 잘 보기 위해 어떻게 할까 하는 등의 장면입니다. 평가가 있으면 교육은 왜곡되기 마련이라는 생각을 잘 보여 줍니다.

　소설『난장이가 쏘아 올린 작은 공』은 처음에 대학 입시를 앞두고 수학 교사가 학생들에게 마지막 수업을 하는 이야기로 시작하여, 입시가 끝나고 나서 다시 교사가 학생들과 마지막 이야기를 하는 장면으로 끝납니다. 그 교사는 학생들의 입시 성적이 좋지 않아 수학 대신 윤리를 맡으라는 통보를 받았습니다. 대학 입시란 수업을 진행한 교사가 아닌 제삼자가 출제한 문항으로 학생들을 평가한다는 점에서 외부 평가라고 할 수 있습니다. 수업하지 않은 사람이 시험 문항을 출제할 경우 수업 내용을 충실히 반영하지 못할 수도 있습니다. 만약 그런 경우에 교사가 수업을 잘못해서 학생들 성적이 낮다고 일방적으로 비난받게 된다면, 과연 옳은 일일까요?

외부 평가에 대비하여, 수업을 진행한 교사가 평가하는 경우를 내부 평가라고 합니다. 대학 입시의 경우 내신 성적이 바로 내부 평가가 되는 것이지요. 그런데 왜 제삼자가 출제해야 하는 것일까요? 그것은 바로 내부 평가가 공정하지 못할 가능성이 있기 때문입니다. 그렇지만 외부 평가의 경우도 학생들 개개인의 상황을 모르는 상태에서 수업과의 유기적 연계가 약할 수 있다는 점에서 문제가 있습니다.

제2차 세계대전 이후 교육학계는 학업 성취도 평가를 과학화하려는 시도를 하게 됩니다. 앞에서 블룸의 교육목표 이원 분류학을 간단히 언급하였습니다. 그는 생물학의 분류학처럼 교육학에서도 엄밀한 학문적 형식을 정립하자는 의도에서 평가할 수 있는 학습 결과를 저차에서 고차로 분류하고자 시도하였습니다. 이처럼 성취도 평가를 과학화하기 위해 경영학적 사고를 도입하여 직무 분석과 평가를 도입하게 됩니다. 그러나 이러한 시도는 교육평가의 관료화를 촉진하였을 뿐 학교 교육을 근본적으로 개선하지는 못했다는 한계점을 드러냅니다.

대학 입시가 중요한 사회에서는 외부 평가를 모방하여 교내 평가가 이루어지면서 본말전도 현상이 나타나기도 합니다. 타일러 이후 시험 치기에서 평가로 논의가 전환되면서, 교육평가는 학습자의 성취도 평가뿐만 아니라, 교육과정이나 학습 과정에 대한 평가도 포함하는 광의의 개념으로 확장되어 왔습니다. 그러나 교육개혁에 대한 사회적 요구가 인간주의를 통해 강하게 제기되면서 입시로부터 탈피하려는 시도로서 대안적 평가가 논의됩니다. 입시 문화를 개혁하려면 평가를 바꾸어야 한다는 생각에는 다들 동의했지만 어떻게 해야 할지는 막연했기 때문입니다. 일단 교육평가를 시험 치러서 선발하는 과정 대신에 학업에 대한 성취도를 판정하는 과정으로 전환해야 한다고 생각합니다. 즉 남보다 못했으니까 탈락이라고 판정하면 안 된다는 것입니다. 목표에서 어느 정도 미흡했는지를 측정해서 탈락이라고 판정해야 한다는 주장입니다. 즉 목표에 얼마만큼 도달했는지를 측정해야 한다는 것이지요. 따라서 목표를 구체화, 상세화해야 한다는 생각에서 블룸의 교육목표 이원 분류학이 출현하게 됩니다. 이런 생각을 배경으로 교육목표마다의 성취 기준이 필요하다고 생각하여 규준 지향 평가가 아닌 준거 지향 평가라는 개념이 출현합니다.

외부 평가의 경우 학습이 끝난 후 평가하지요. 내부 평가도 대개 기말고사처럼 학습이 끝난 후에 평가합니다. 이렇게 되면 학습이 끝난 후여서 피드백이 불가능합니다. 그러나 평가는 학습 과정 전반에 걸쳐 이루어져야 하며, 그러려면 평가의 개념을 전환해야 한다고 생각하게 됩니다. 여기에서 진단 평가와 형성 평가 개념이 도입됩니다. 1967년 스크리븐(M. Scriven)이 형성 평가와 총괄 평가의 개념을 제시했지만, 큰 영향을 미치지는 못했습니다. 그러나 1990년대 들어서 결과에 대한 평가가 아니라 과정으로서의 평가에 대한 논의가 출현하면서 다시 주목받습니다. 그런데 진단 평가가 가능하기 위해서는 교육목표가 분명하게 설정되어야 하고, 성취 기준이 세분화되어야 합니다. 또한 학습이 진행 중인 과정에 대해 형성평가를 하려면 평가의 대상이 바뀌어야 한다고 생각하게 됩니다. 즉 지식이란 진행형이라는 것입니다. 여기서 진행형 지식이란 학습자가 실행하는 기능인 셈입니다. 기능에 대해 제대로 평가하려면 기능의 수행 과정을 평가해야 한다는 생각에서 수행평가의 개념이 출현합니다. 이와 더불어 평가가 학습을 지원하는 체제가 되어야 한다는 생각에서 학습에 대한 평가 아니라 학습을 위한 평가라는 개념이 제기됩니다. 이러한 맥락에서 학습자에게 의미가 큰 진정한 평가, 즉 참평가의 개념이 제시됩니다. 이와 함께 '교육평가의 기능은 무엇인가?'와 같은 근본적인 질문들이 제기됩니다. 즉 '누가 평가하는가?'에 대해서도 다시 생각해 보게 된 것입니다. 그래서 자기 평가와 동료 평가가 중요시됩니다. 평가하는 과정에서 자기와 타인을 바라보는 눈이 바뀌어야 하며, 이것이 바로 학습을 통한 정체성(identity)의 변화라고 생각하기 때문입니다. 그 밖에도 다음과 같은 관점에서 평가를 새롭게 보게 됩니다. '왜 평가하는가?', '언제 평가해야 하는가?', '무엇을 평가해야 하는가?', '어디에서, 어떻게 평가해야 하는가?' 등입니다.

이러한 모든 논의는 양적 평가에서 질적 평가로의 전환을 전제로 하고 있으며, 탈실증주의, 탈자연과학주의와 더불어 논의가 가능하게 되었으며, 특히 구성주의가 도입되면서 논의에 탄력이 붙게 됩니다. 그렇지만 교육평가론의 논의는 아직도 단세포적으로 수용되고 있습니다. 대안을 모색하다 보니 아무래도 이분법과 흑백논리로만 이해되고 있기 때문입니다. 즉 참평가 아니면 거짓 평가와 같은 식으로 받아들인다는 것입니다. 이는 대안적 평가관을 모색하려는 논의의 의도를 잘못 이해하는 것이며, 이런 상황 때문에 교육평가는 다른 교육 분야에 비해서 한 박자씩 늦게 개선되고 있는 실정입니다.

아이즈너(1933~2014)

한편 아이즈너(E. Eisner)는 주류 미국 교육학의 한계를 절감하고 새로운 방향을 모색해 왔습니다. 그는 이제 교육평가에 대한 가장 근본적인 문제제기를 합니다. 교사가 의도한 대로 결과가 나와야만 성공적인 교육일까요? 그렇다면 북한에서 교육받은 학생들이 주체 사상에 투철한 인간이 되었다면 성공적인 교육이라고 봐야 하는 것일까요? 김구 선생이 독립 투사를 길러 내려고 세운 학교에서도 친일파가 나오고, 친일파를 양성하려고 총독부가 세운 학교에서도 독립군이 나오는 것이 현실입니다. 이러한 문제의식을 갖고 아이즈너는 애초에 교과의 수업 목표 외에 학생들이 학습활동을 통해 자아를 표현하는 기회가 주어지는 경우를 표현적 목표라고 개념화합니다. 그러나 이 개념은 수업 이전에 명료하게 목표로서 설정될 수 없고, 수업이 끝난 이후에 결과로서 파악할 수밖에 없기 때문에 표현적 결과로 수정합니다. 교육이란 목표에서 의도하지 않은 결과가 발생할 수

지리교육학 강의노트

있으며, 이는 바로 인간의 자율성에서 기인하는 것으로, 교육의 사회적 기능에 저항하는 힘이라는 것이지요.

지금까지 구성주의와 생활세계의 교육에 대해 살펴보았습니다. 이제 마지막으로 지리 교육의 미래와 미래의 지리 교육에 대해 생각해 보겠습니다.

제4부

포스트모더니즘과
지리교사론

Lecture Notes on Geography Education

제16장

포스트모더니즘 도입의 배경

우리가 지향하는 미래는 어떤 모습일까요? 적어도 현재의 방향은 아니라는 점에는 동의를 하지만, 그 방향을 구체적으로 제시하지는 못합니다. 그래서 미래의 이름을 붙이지 못하여 현재의 특징인 모더니즘 이후의 이념이라는 의미로 포스트모더니즘이라고 부릅니다. 포스트모더니즘은 현대 사상이 이미 한계에 부딪혔으므로, 새롭게 미래의 이념과 가치관을 모색해야 한다는 시대정신입니다. 그렇다면 포스트모더니즘이 근대성의 한계라고 비판하는 것은 과연 무엇이며, 대안으로 내세우는 새로운 이념은 무엇일까요?

포스트모더니즘은 모더니즘에 내재된 사회의 진보에 대한 확고한 신념에 대해 회의를 제기합니다. 지금까지 우리는 과거에 비해 사회가 보다 바람직한 방향으로 변화해 왔다고 믿어 왔습니다. 그러나 과연 오늘날의 상황을 성찰해 볼 때 그러한 자신감과 확신을 가질 수 있을까요? 핵전쟁의 위협과 환경 문제는 인류의 생존을 위협하고 있으며, 전쟁은 지구 상에 그칠 날이 없고, 물질적 풍요 속에서 인간은 삶의 근원을 상실해 가고 있지 않은가요? 그렇다면 사회 진보의 방향이라고 생각해 왔던 것에 문제점이 있었던 것은 아닐까요? 즉 개인의 자유와 존엄성, 이를 뒷받침 해 온 이성에 대한 신뢰와 합리적 사고 그 자체에 문제가 있었던 것은 아닐까요? 포스트모더니즘은 바로 이점에 대해서 의문을 제기합니다.

서구의 근대는 종교와 신앙의 속박으로부터 이성을 해방시키면서 시작됩니다. 즉 진리는 종교와 전통이라는 권위에 의거해 판단되는 것이 아니라, 개인이 자신의 이성에 의거해 판단하는 것이라는 확고한 믿음에서 시작됩니다. 당시까지 인류 사회를 지배해 오던 전통에 대해서 도전한 것이지요. 권위의 근원은 시간이 지나면서 점차 퇴색되기 마련입니다. 그래서 서구인들은 이를 보존하고 되살리기 위해 전통에 의존했지요. 중세까지 서구인들은 고대 그리스·로마의 세계관을 되살리고, 세월의 장벽을 극복하고, 이를 완벽히 재현하고자 노력했습니다. 모든 가치관, 윤리 규범, 심미적 준거, 인간 사유의 창조물 등 고대로부터 내려오는 전통을 따르고자 했습니다. 그러나 이성을 신뢰하면서, 서구인들은 그전까지 모범으로 삼던 고대 그리스·로마의 고전 문화를 넘어섰다는 자신감을 지니게 됩니다.

반면 동양 사회는 이러한 경험을 해 본 적이 없습니다. 이인화의 소설, 『영원한 제국』에 보면 정조가 추구했던 개혁안은 고대 중국의 주나라로 돌아가기였습니다. 주나라는 동양에서 이상 사회로 여기던 모델입니다. 동양에서는 전통을 극복하고 새롭게 창조한다는 생각을 하지 못했던 것이지요.

근대 서구에서는 물리학과 천문학의 성과 덕분에 과거 신학에 토대한 전통적 우주관과 신학적 세계상을 거부할 수 있게 되고, 이성을 전적으로 신뢰하게 됩니다. 즉 이성에 대한 신뢰는 자연과학의 발전에 기인합니다. 이성적 존재인 인간은 신의 피조물이라는 지위로부터 벗어나 세계를 이해할 수 있는 지적 능력을 갖춘 존재로서 존엄성을 지니게 됩니다. 바로 여기서 인간의 존엄성을 최고의 윤리적 가치로 여기는 서구의 휴머니즘이 출현합니다.

인식 능력이야말로 개인의 존엄성을 보증하기에, 이러한 배경에서 서구 철학은 인식론을 중심으로 전개되어 왔습니다. 개인이 인식의 주체로서 자신을 자각할 때, 권위와 전통의 속박에서 벗어나 이성적 판단에 의거하여 행동하게 되며, 따라서 자신의 행위에 책임을 지게 됩니다. 이를 토대로 이성적 존재로서 인간의 존엄성을 최고의 윤리적 가치로 제시했습니다. 따라서 인간의 이성적 판단에 따른 합리적 사회조직을 진보의 지향점으로 간주하게 됩니다. 여기서 인간이란 집단의 구성원이 아닌, 주체적 존재로서의 개인을 말합니다. 인간이 존엄한 것은 세계에서 주체라는 지위를 차지하기 때문이며, 이는 바로 이성에 의거해서 판단을 할 수 있기 때문이지요.

이와 같이 근대적 세계관은 인식론을 철학의 중심으로 설정했기 때문에 인간 이성의 인식 능력은 사건과 현상의 배후를 관통하여 통찰할 수 있다는 자신감이 그 밑바탕에 내재해 있었습니다. 지금까지 인류 역사와 사회 진보를 이끌어 온 모더니즘은 근대화의 이념과 휴머니즘(이성에 대한 신뢰)에 토대를 두고 있습니다. 그러나 이제 이 근대성은 파산 선고받았다고 간주합니다. 근대화의 이념과 이성에 대한 신뢰 등은 더 이상 우리의 좌표 설정에 무력하다는 것이지요. 즉 사회의 원동력으로서 그 기운이 이미 소진되었으며, 따라서 이제는 근대를 뛰어넘는 새로운 세계관이 필요한 시기가 도래했다고 봅니다. 모더니즘은 이성을 통해 진리로 검증된 지식을 추구합니다. 이 지식이 사회의 발전 방향을 제시해 주며, 문제를 해결하는 법을 알려 주고, 상황에 대처하는 법을 보여 준다고 믿기 때문입니다. 포스트모더니즘은 이러한 모더니즘의 입장을 부정합니다.

마르크스주의에서는 계급이 사회 현상에서 가장 중요하다고 주장합니다. 그런데 계급만이 중요한 문제일까요? 인종 문제나 성차별은 덜 중요한 것일까요? 자신은 이성의 힘에 근거하기 때문에 다른 사람들은 보지 못하는 진리를 볼 수 있기 때문이라고 주장합니다. 자기가 중요시하는 계급이 제일 중요하고 다른 사람이 중요시하는 성차별, 인종 문제 등은 덜 중요한 것으로 간주합니다. 포스트모더니즘은 이러한 입장이 모든 모더니즘의 공통적 성격, 즉 거대 담론이라고 비판합니다. 모더니즘은 사상을 건축에 비유하여, 인간의 지식을 흔들리지 않는 확고한 토대 위에서 쌓아

올리고자 했습니다. 자신이 중요시하는 명제를 기초로 하고, 다른 사람의 견해는 자기 생각을 보완하는 식으로 덧붙입니다. 그래서 포스트모더니즘은 모더니즘을 정초주의(foundationalism)라고 비판합니다.

포스트모더니즘은 자기가 중요시하는 계급만이 중요하다고 주장해서는 안 된다고 비판합니다. 다른 사람이 중요시하는 성차별, 인종 문제는 덜 중요하다고 평가절하 하지 말라고 비판하는 것이지요. 자신의 생각과 달라도 그 사람에게는 진리임을 인정하라고 주장하는 것입니다. 다시 말해 차이를 인정하고 다양성을 수용하라고 주장합니다.

지금까지 설명했듯이 포스트모더니즘은 기존의 모더니즘 지식관을 비판합니다. 즉 인간이 보편적 인식의 주체로서 이성의 능력을 활용하여 세계를 객관적으로 인식한다는 생각을 비판하는 것이지요. 지식과 교육은 동전의 양면과 같은 관계이기에, 포스트모더니즘은 기존의 교육관도 비판하며, 교육학의 기본 전제들에 대해 회의를 제기합니다. 그렇다면 이러한 논의들이 지리 교육에 미친 영향은 무엇일까요?

제17장

목적: 정체성 형성을 통한 교사 전문성 향상

지금까지는 지리교육학 지식이란 지리 교사를 위한 지식이어서 지리 교사라면 누구나 알아야 할 지식이라고 당연시해 왔습니다. 그런데 포스트모더니즘에서는 개별 인간이 처한 상대적 상황에 따라 인식의 깊이가 달라진다고 주장합니다. 이러한 맥락에서 교사론이 제기됩니다. 지금까지 지식은 사람과는 독립적으로 존재한다고 전제했습니다. 그런데 이제는 지식이 개인에게 내면화되어 있는 상태이자 과정이라고 생각하게 되었습니다. 따라서 지리교육학 지식이란 지리 교사마다 내면화하고 있는 상태이자 과정이어서 개인의 삶의 맥락을 떠나서 존재할 수 없다고 생각하게 됩니다. 이러한 관점에서 볼 때, 교사 교육의 목적은 무엇이 되어야 할까요?

우선 지리학자 양성 과정과 지리 교사 양성 과정은 어떻게 달라야 할까요? 지리학자는 지리학의 진리를 생산하지만, 지리 교사는 지리학의 지식을 수단과 도구로 활용하여 학생들의 인격을 형성합니다. 아무나 교사가될 수 있는 것이 아니라 전문성을 갖춘 사람이어야 한다는 것입니다. 즉공부만 잘 해서는 좋은 교사가 될 수 없다는 것이지요. 그렇다면 교사의전문성이란 무엇일까요? 수업이나 생활 지도 등 직무를 수행하는 능력이일차적으로 필요하겠지만, 그 이상으로 교사는 감정 노동이 요구되는 직업입니다. 그렇기 때문에 학생들을 대하는 마음가짐이 더 중요하며, 교사로서의 정체성이 교사 전문성의 핵심이라고 생각하게 되었습니다. 이처럼 자신의 정체성이 자신의 지식과 깊은 관계에 있는 것이 전문직의 특징이기 때문입니다. 그렇다면 교사 정체성이란 무엇이며, 교사 정체성과 관계 깊은 지식이란 무엇일까요?

교사 정체성의 한 사례로서 프레이리(P. Freire)의 비판적 페다고지를 설

프레이리(1921~1997)

명해 보도록 하겠습니다. 프레이리는 세상을 바꾸려면 사람들의 생각을 바꾸어야 하며, 이것이 바로 성인 교육에서 교사의 역할이라고 생각했습니다. 그는 1960년대 브라질 농촌에서 문맹 퇴치 교육을 하면서 농민들이 자신들이 처한 상황을 개선하기 위해 사

회 개혁이 필요하다는 의식을 갖도록 도와주는 것이 교육의 목적이라고 주장합니다. 사회 지배 집단의 논리는 언어, 습관, 대중문화 등 다양한 방식들을 통하여 직간접적으로 우리 일상생활 속에 침투되어 있습니다. 피지배 집단은 지배 집단의 논리를 은연중에 받아들여, 자신이 처한 상황을 올바로 볼 수 없고, 그 논리만이 오직 유일한 사고방식인 것처럼 생각하게 됩니다. 지배자의 논리를 당연한 것으로 받아들이고, 자신들을 열등하고 무능력하고 무가치한 존재로 생각하게 되는 것이지요. 따라서 운명론이나 자기 비하, 정서적 의존성 등과 같은 피지배자의 특성을 지니게 됩니다. 교사는 이러한 태도를 극복하고 적극적인 자유와 그에 따른 인간의 책임을 깨닫도록 도와주어야 합니다. 교사는 이들을 가르칠 대상으로 간주해서는 안 되며, 그들의 문제를 대신 해결해 주어서도 안 된다고 주장합니다.

교사는 학생이 왜곡된 현실 속에서 모든 것을 당연하게 받아들이는 거짓 인식으로부터 벗어나서 세상을 비판적으로 바라보는 능동적인 주체가 되도록 도와주어야 합니다. 프레이리는 말과 생각(언어와 사고)이 동전의 양면처럼 분리할 수 없는 하나를 이루고 있다고 보았습니다. 그래서 생각을 바꾸려면 말을 바꾸어야 한다고 주장했지요. 여기서 말이란 글뿐만 아니라 기호로 표현되는 모든 텍스트를 가리킵니다. 프레이리는 이런 관점에서 농민들과 더불어 문맹 퇴치 교육을 하였습니다.

프레이리는 농민들이 각자의 일상 경험 텍스트를 해독하여 거기에 담긴 생각을 도출해 내고, 여기에 대해 문제를 제기하면서 비판적으로 분석하도록 도와주었습니다. 또 자기 삶을 개선할 생각을 글(텍스트)로 표현하도록 도와주었습니다. 농민들은 이 활동을 통해 주체적으로 세상을 비판적으로 바라보게 되었습니다. 프레이리는 이러한 관점에서 문해력의 개념을 확장시켜 학습자 스스로 자신이 처한 삶의 상황을 각성하는 것이라고 규정합니다.

그런데 포스트모더니즘은 이러한 생각을 한층 더 깊게 탐구해 들어갑니다. 우리는 흔히 사물과 현상의 겉에 드러난 모습은 본질이 아니며, 그 속에 숨어 있는 골조가 본질이라고 생각합니다. 다시 말해 겉모습(표층)은 심층에 내재되어 있는 골조(심층 구조)가 발현된 것으로 이해합니다. 이러한 입장을 구조주의라고 합니다. 구조주의는 영화 "매트릭스"의 세계관에 잘 나타납니다. 컴퓨터 프로그래머 앤더슨은 밤에는 '네오'라는 아이디로 해킹을 저지르고 다닙니다. 그러던 어느 날 앤더슨은 모피어스 일행으로부터 연락을 받게 됩니다. 그들은 지구 깊은 곳에 건설한 '시온'에서 파견한 전사들로서, 매트릭스 속으로 해킹해 들어와 구세주를 찾고 있는 중입니다. 200년 뒤에 기계(인공지능)는 인간으로부터 생체 에너지를 추출하여 자신을 유지하고, 인류는 발전소 안 고치 속에 웅크려 잠든 '전지'가 되어 있습니다. 기계는 인간의 뇌 속에 1999년의 세상을 프로그래밍하여 주입하고, 그 속에서 살고 있는 것처럼 느끼게 만들어 놓았는데, 이것이 바로 매트릭스입니다. 그래서 영화 매트릭스의 세계관, 즉 1999년의 세상(표층)과 매트릭스(심층)라는 구도는 구조주의를 잘 나타내 줍니다. 또 다른 예로는 정당과 선거 제도는 표층이고, 자본주의 경제체제는 심층 구조라고 해석하는 것입니다.

그러나 포스트모더니즘에서는 우리를 억압하는 구조가 생각의 구조, 즉 의미 구조로 이루어져 있다고 봅니다. 우리의 생각을 바꾸려면 어떻게 해야 할까요? 우리 생각의 한계를 각성하고, 거기에서 벗어나려고 노력해야 합니다. 우리 생각은 말과 글로 이루어져 있으며, 나아가 시각 정보나 청각 정보도 모두 기호를 통해 의미를 전달한다는 점에서는 언어로 간주할 수 있습니다.

포스트모더니즘은 표층이 기표(기호, 상징)로, 심층이 기의(의미)로 이루어지는 구조란 허상이며, 말과 글의 작용이 만든 것이라고 주장합니다. 세상을 기호(언어)로 보는 세계관이라는 점에서 이들 논의를 언어(학)적 전환이라고 지칭합니다.

포스트모더니즘에서는 우리가 사는 세상이란 언어적으로(기표와 기의, 기호와 의미) 구성된 매트릭스(허상)라고 간주합니다. 우리는 기표에 현혹되어 기의를 보지 못하는 경우가 많습니다. 기표만 주목한다는 우리 생각의 한계를 각성하고, 거기에서 벗어나 기의를 보려고 노력해야 합니다. 여기서 기표란 우리의 의식과 경험의 토대가 되는 일상생활을 말합니다. 기의란 지배적인 행위 주체가 자신을 세상에 각인시키도록 기표를 만드는 과정에서 다른 집단이 배제되거나 통제되고 있다는 사실(사회적 관계)입니다. 행위 주체가 기표를 통해 자신을 각인시키는 행위가 바로 재현입니다.

흥선대원군은 아버지 산소를 예산의 명당으로 이장합니다. 풍수의 명당 자리에 조상 묘를 만들었기 때문에 대원군의 아들 고종이 왕이 되었고,

지리교육학 강의노트

대원군의 아버지 남연군의 묘(충청남도 예산군 덕산면 상가리. 2014년. 김정혁 선생님 촬영)

대원군은 왕의 아버지로서 권력을 행사하는 것이 정당하다고 주장합니다. 여기서 기표=남연군 묘이고, 기의=대원군의 권력은 정당하다는 것이지요. 또한 대원군은 무리하게 경복궁을 재건합니다. 여기서 기표=경복궁이고, 기의=외척에 의한 세도 정치가 종식되었다는 것이지요. 허균의 『홍길동전』은 사회 소외층으로서 조선 사회의 부정적 측면을 비판하였습니다. 여기서 기표=율도이고, 기의=(서자 차별 없는) 이상 사회입니다. 한편 파리의 몽마르트르 언덕 위의 사크레쾨르 대성당을 살펴 봅시다. 기표=성당이고, 기의=왕정 복고와 성직자 계급의 복귀였습니다. 따라서 우리는 재현된 기표 속에 내포된 기의, 즉 정치와 권력이라는 사회적 관계를 파악해야 합니다.

이상의 논의가 프레이리와 무슨 관계가 있을까요? 앞서 논의한 용어를 사용하면 기표가 기의를 다양한 방식으로 재현하는 방식이 바로 재현 구조이며, 이를 파악하는 것이 바로 문해력인 셈이기 때문입니다. 미국의 교육학자 지루(H. Giroux), 매클라렌(P. McLaren) 등은 프레이리의 문제의식을 발전시켜 포스트모더니즘의 텍스트 이론을 도입하여 비판적 페다고지를 주창합니다.

비판적 페다고지란 학생들이 재현 구조를 파악할 수 있는 문해력을 함양하는 것이며, 여기서부터 문해력이나 리터러시를 비판적 인식과 동일한 의미로 사용하게 됩니다. 프레이리는 학습자가 비판적 문해력을 지니려면 비판적 의식을 가진 사람(교사)이 대화를 통해 도와주어야 가능하다고 생각합니다. 따라서 교사가 먼저 비판적 문해력을 지니고 있어야 합니다. 따라서 교사 교육의 목적은 바로 비판적 문해력 함양이 됩니다. 물론 교사로서의 정체성이 비판적 문해력에만 국한될 필요는 없으며, 한 가지 사례를 예시로 제시했을 뿐입니다. 이처럼 정체성 형성을 통해서 교사의 전문성을 발달시키려면 어떤 교육 내용이 필요할까요?

제18장

내용: 제3공간 접근을 통한 교실 이해

　만화 '광수생각'에 보면 수업 시간에 교실에서 자고 있는 학생 신뽀리가 나옵니다. 다른 학생이 교사에게 고자질합니다. 그러자 교사는 "냅둬라! 깨우면 일어나서 장난치고 떠들 녀석인데. 그냥 자는 게 차라리 낫다."라고 말합니다. 그러면 신뽀리의 독백이 나옵니다. "전 그때 잠들지 않았습니다. 하지만 눈을 뜰 수도 없었습니다." 그리고 나서 작가의 말이 나옵니다. "신뽀리는 그렇게 교실의 주전자와 화병의 꽃처럼 정물이 되어가고 있었습니다. 저는 선생님들 중 어느 누구라도 애정을 가지고 신뽀리의 잠을 깨워 주길 바랍니다. 꼭 그래 주십시오."

　지리 교사를 양성하기 위한 교육 내용은 무엇이 되어야 할까요? 무엇보

광수생각, 꿈을 꿀 수 있는 건 그 누구의 특권이 아닙니다.

다 중요한 것은 교실에서 수업이 전개되는 상황을 이해하는 것입니다. 기존의 교육학은 교실을 교수-학습의 무대 정도로 상정하는 경우가 많았습니다. 교실 상황을 마치 모든 종류의 학습 형식을 적용할 수 있는 이상적 장소로 가정하려는 경향이 있었지요. 그래서 교실은 학습 관련 변인들을 담아 내는 일종의 그릇과 같은 공간으로 간주되었습니다. 교탁과 칠판이 교실 앞에 배치되어 있고, 학생들은 교사를 바라볼 수 있는 위치에 놓여 있는 책상에 앉아 있습니다. 교탁, 칠판, 창문, 천장처럼 학생들은 교실을 구성하는 또 하나의 요소로 취급되는 느낌이 들며, 심지어 교사 또한 그렇게 취급되는 것 같습니다.

예를 들어 교실 창문이 나무가 우거진 교정과 접해 있는지, 아니면 운동장과 면해 있는지, 그로 인한 소음과 빛의 양이 교실 구석구석의 분위기를 어떻게 만드는지에 관심이 없습니다. 창문은 창문이고, 천장은 천장일 뿐이라고 생각하지요. 교실 공간의 물질성이 교사와 학생의 시선 교차에 어떤 영향을 주며, 교수 학습 상황에서 어떤 의미로 작용할 수 있는지에 대해서는 주목하지 않습니다.

교육학 이론들은 교실이라는 현실을 도외시하기 때문에 교육의 현실과 수업 이론 사이에 긴장과 갈등이 발생하는데, 교사 교육은 이러한 긴장과 갈등을 이해하는 방법을 가르쳐야 합니다.

그 방법이 바로 제3공간 접근을 통해서 교실을 이해하는 것입니다. 제1공간은 물질적이고 구체적인 현실의 공간이며, 제2공간은 현실 공간에 대한 생각입니다. 그런데 때로는 제1공간, 제2공간에서 쟁점이 발생하여 대립

이 해소되지 않고, 긴장과 갈등이 유발됩니다. 해결책이 보이지 않아 답답한 상황입니다. 이 문제를 새로운 시각에서 바라보면 기존의 대립 구도는 정작 중요한 것을 놓치고 있었다는 것을 깨닫게 됩니다. 이 새로운 시각을 찾고자 하는 것이 제3공간 관점입니다.

지역 개발을 둘러싼 쟁점을 생각해 봅시다. 경기도 서해안 어촌의 낙후 지역을 개발하고자 공단을 건설하여 현재 안산시로 발전하였습니다. 지역 주민의 소득이 증가하고, 공장이 들어서면서 상가와 고층 건물들이 세워지고, 인구가 급증하여 도시로 발전하게 되었지요. 안산시라는 현실의 공간, 제1공간에서 나타난 변화의 양상들입니다. 이곳을 낙후와 개발이라는 입장에서만 생각하면, 공해 오염 등 부정적 측면도 있지만 분명 발전의 긍정적 측면이 크게 부각됩니다. 이처럼 제2공간은 안산이라는 제1공간에 대한 생각들을 말합니다. 여기에는 다양한 인식과 생각들이 있지만, 그 가운데 정부와 학자들의 생각이 우세한 입장에 있으며, 안산이 발전했다고 생각하는 것이 바로 이 경우입니다.

그런데 원래 거주하던 주민의 입장에서 생각해 봅시다. 공단 지역에서 살던 주민들은 삶터에서 쫓겨나 여러 곳으로 뿔뿔이 흩어져서 개발 이전보다 생활 형편이 못한 경우가 많습니다. 그러면 제3공간 관점에서 제시하는 주민을 위한 대안은 무엇일까요? 기존의 도시 정책은 도시 불량 주택 지구(달동네)를 합리적으로 이용하기 위해 재개발했습니다. 그러면 거주하는 주체(달동네 주민)들은 새로 건설된 주거 단지에 입주할 경제력이 없어서 쫓겨나게 됩니다. 이 문제를 해결하기 위해 미술가들은 주택 담벼

소자(1940~)

락을 벽화로 단장하여 거리 미관을 개선했습니다. 그러자 달동네 주민들은 그대로 생활하면서도 삶의 질은 높아졌습니다. 이것이 바로 제3공간 관점이지요.

제3공간은 거주 주체의 입장에서 바라본 공간성으로서 사회공간적 변화에 대해 늘 열려 있는 일종의 역동적 관계망입니다. 거주 주체의 입장에서 볼 때 거주자를 둘러싼 물리적 공간은 거주자에게 심오한 의미의 상징물이 되고, 이때 거주 주체는 재현의 주체로 등장합니다. 제3공간에서 거주 주체는 일정한 논리와 체계에 구속되지 않고 자유로우며 나아가 헤게모니와 지배적 질서에 저항하기도 합니다. 이처럼 저항력과 사회적 재구성을 향한 잠재력에 주목하여 소자(E. Soja)는 이러한 공간성을 제3공간이라고 이름 붙였습니다.

안산시 사례에서 거주 주체는 원래 어촌에서 살던 주민입니다. 이들의 삶은 정부와 학자들의 논의에서 소외되어 있습니다. 왜냐하면 정부 관계자들과 학자들은 안산에서 살지 않기 때문이죠. 안산에 사는 주민들, 그것도 원래 주민들의 입장에서 기존의 논리를 비판하는 것이 바로 제3공간 접근입니다.

앞의 교실의 사례로 돌아가면 학교 현실은 제1공간입니다. 교사는 수업 내용을 깊이 있게 아는 것이 더 중요한지, 흥미 있고 유익한 수업을 위한 효과적인 방법을 터득하는 것이 더 중요한지 고민합니다. 그러나 입시 대비를 잘하기 위한 수업만을 요구하는 현실에서 무력감을 느낄 뿐입니다. 교실은 교사가 지성이나 개성을 연출하는 일방적 전시 공간이 아니기 때문입니다. 교실은 교사와 학생이라는 두 주체 간의 교육적 상호 소통의 공간이기 때문에 교사가 정교하게 수업 설계하는 것만으로는 교사와 학생 사이의 간극이 좀처럼 좁혀지지 않기 때문입니다.

교육학자들의 생각이 바로 제2공간입니다. 수업에 영향을 미치는 변수는 교사가 학습 목표를 명확하게 제시했는지, 교재의 내용이 학생들의 이해 수준에 맞게 재구성되었는지, 특정 내용에는 협동 학습이 맞는지, 아니면 강의식 수업이 적합한지, 특정 교과에 맞는 교수 모형은 없는지 등과 같이 교수 학습 과정을 정교화하는 것 등이라고 가정합니다. 그래서 인지 심리학에 근거한 모형과 구성주의에 근거한 모형들 간의 논쟁이 전개되어 왔습니다. 그러나 현실에서 벌어진 결과는 교실 붕괴와 사교육 심화였지요. 제1공간의 문제에 대처하기는커녕 제2공간은 그 자체만으로도 무기력합니다. 그래서 제3공간을 요구되는 것이지요.

제3공간 접근은 바로 교실에서 살아가는 주체인 학생의 입장에서 보자는 것입니다. 특히 소외된 학생의 입장에서 보고자 합니다. 이때 교실은 교사와 학생을 매개로 외부 공간과 끊임없이 연결되어 있는 맥락의 공간입니다. 가령, 아무리 교사가 수업을 철저히 준비한다고 하더라도, 그날의 날씨가 공부에 방해가 될 정도로 덥다든지, 학교에 중요한 행사가 있어 학생들의 관심이 온통 행사 준비에 쏠려 있다든지, 전 시간에 무리하게 운동하여 반 전체가 수업에 대한 의욕을 보이지 않는다든지 하는 상황에서는 교사가 의도한 대로 수업이 진행되지 않습니다. 혹은 학교나 교육 당국의 하달 지침이 교사의 생각과 심각하게 다른 경우에도 교실의 수업은 혼란을 겪을 수 있습니다. 교실론에서 제3공간 개념을 적극 수용할 때, 교실 공간은 교사만의 담론도 아니고 학생의 담론도 아닌 두 담론이 서로 관계하면서 구성되는 잠재적 의미와 재현의 공간입니다.

이제 제3공간 관점에서 수업을 설계한 사례를 살펴보도록 하겠습니다.[1] 제3공간 관점에서 교실을 본다는 것은 교실에서 살아가는 주체인 학생, 그중에서도 소외된 학생의 입장에서 보는 것이라고 했지요? 따라서 소외된 아이들도 참여할 수 있도록 하려면 무엇을 해야 할까를 고민하게 됩니다. 왕따 당하는 학생이 없도록 학생들 간의 새로운 관계 형성이나 개선을 도울 수 있도록 하려면 무엇을 해야 할까를 고민해 봅니다. 학기 초가 지난 후에 학생들 간의 관계를 개선하도록 지도하려면 벌써 어렵습니다. 학기 초는 아직 교실 내 관계가 명확히 자리 잡기 전이어서 왕따 당하는 학생이 없도록 미연에 방지하려면 이때 지도하는 것이 효과적이라고 판단했습니다. 그래서 학기 초 첫 시간 수업을 통해 교우 간의 긍정적인 관계 형성을 돕는 활동을 계획했습니다.

교사로서 새 학년이 시작되면 늘 '첫 수업을 어떻게 해야 할까?'에 대한 고민에 빠지게 됩니다. 첫 시간부터 수업을 진행하면 학생들에게 지리가 지루한 암기 과목으로 각인될지도 모른다는 염려 때문에 첫 수업은 오리엔테이션이라는 이름하에 그저 그렇게 지나가기 일쑤입니다. 첫 시간에 교과서 목차를 통해 일 년 간의 수업 내용을 훑어가면서 선행 조직자 역할을 하는 거라며 스스로 정당화하거나, 수업 시간에 서로 지켜야 할 규칙을 정하고, 교사에 대한 바람이나 수업에 대한 학생들의 바람을 글로 받는 것 정도로 첫 시간을 보냅니다. 그러나 이제 첫 시간을 소외 극복을 위한 활동으로 구상해 보았습니다.

이를 위해 첫 시간 지리 수업의 목적은 크게 두 가지로 설정하였습니다. 수업의 과정이 소통을 통한 관계 맺음의 과정이 되도록 하자는 것과, 첫 시간인 만큼 학생들에게 지리라는 교과를 잘 알릴 수 있도록 해야겠다는 것입니다. 원래 첫 시간은 각자 자기를 소개하는 글을 쪽지에 쓰고, 학생들끼리 누가 쓴 것인지 찾아서 인터뷰하는 방식으로 진행해 왔습니다. 이번에는 지리를 소재로 한 활동을 하기로 수정하였습니다. '나의 장소 찾기 → 친구 찾아 인터뷰 하기 → 장소 소개하기 → 나의 장소에 대한 글쓰기'라는 4단계 과정으로 수업을 진행하였습니다. 학생들에게 교사의 안내에 따라 종이에 자신이 가장 좋아하는 장소 혹은 소중한 장소를 적은 다음 네 번 접어 상자에 넣도록 하였습니다. 그리고 상자 안에 든 종이를 한 장씩 뽑도록 합니다. 그다음 자유롭게 교실을 돌아다니며 친구들에게 '너의 소중한 장소 또는 네가 가장 좋아하는 장소가 ○○○이니?'라고 물은 다음 아니라고 하면 다른 친구에게 같은 질문을 반복하도록 합니다. 자신이 들고 있는 종이의 주인공을 만나면, 왜 그 장소를 좋아하는지, 어떤 경험 때문이었는지, 주로 언제 그 장소를 찾게 되는지, 그때 어떤 기분이 드는지 등 친구의 장소와 그 장소에 있는 친구에 대해 자세히 인터뷰를 하도록 합니다. 다음 시간에 내가 인터뷰한 친구의 장소를 반 친구들 앞에서 소개해

190

야 하기 때문에 인터뷰의 내용을 꼼꼼히 기록하고 궁금한 것은 무엇이든
지 자유롭게 질문하고 성실하게 답하도록 합니다.

　2차시부터는 자기가 인터뷰한 내용을 발표하고, 당사자가 보완 설명하
는 식으로 수업을 진행하였습니다. 먼저 교사가 자신이 인터뷰한 학생의
장소를 소개한 후, 주인공 학생을 호명하여 반 친구들에게 좀 더 자세히
소개하도록 요청하였습니다. 주인공 학생은 자리에서 일어나 자신의 경
험을 이야기하며 왜 그 장소를 나의 장소로 꼽게 되었는지 이야기합니다.
주인공 학생의 장소에 대한 발표가 끝난 후, 이번에는 주인공 학생이 친구
의 장소 소개하기의 발표자가 되어 활동을 이어갑니다. 한 학생의 발표가
끝날 때마다 교사는 큰 박수로 발표자들을 격려하고, 교사의 박수에 따라
다른 친구들도 박수와 환호성으로 발표자들을 응원하였습니다. 원래 계
획은 3차시로 설정하였지만, 실제로는 4차시가 되어서야 반 전체 학생의
발표가 끝났습니다. 4차시 수업에 이르렀을 때 학생들 사이의 관계는 첫
시간과는 많이 달라져 있었습니다. 그리고 수업에 대한 호응도 높아지면
서 '그동안 수업은 항상 딱딱하고, 항상 반복이고, 항상 따분하고, 항상 잘
하는 아이 위주로 돌아갔는데, 지금은 달라졌다'고 하였습니다. 수업 활동
을 통해서 학생들의 대인 관계와 정서 함양 활동을 동시에 수행하고자 시
도하였던 것이지요. 이러한 관점에서 교사 교육이 이루어지려면 어떤 교
육 방법이 적절할까요?

■ **주석**

1. 전라북도의 임영근 선생님이 수업한 장면을 장효선 선생님의 논문으로부터 재구성하였습니다.

제19장

방법: 공동체 참여를 통한 교사 역량 강화

새로 임용된 신규 교사들은 고민스럽습니다. 대학에서 배운 것과 학교에서 가르치는 것이 완전 다르니까 새로 공부해야겠는데, 혼자서는 어디서 무엇을 시작해야 할지 잘 모르겠기 때문이지요. 대학에서, 교육학에서 배운 문제 해결 학습이 도움이 될까요? 기존의 교사 교육 연구는 학생 교육의 연장선에서 이루어지고 있습니다. 교사는 미성숙한 존재여서 관리와 평가가 필요하며, 외부의 전문가를 통해 지식을 전달받아 이를 습득해야 하는 존재로 간주되지요. 여기서 외부 전문가는 다름아닌 장학사나 교수, 박사들입니다. 교사는 이들로부터 배우기만 하면 된다고 가정합니다. 이러한 관점에서 교사를 본다면 자율성을 지닌 지식 생산자가 아니기 때문에 교사를 전문가로 인정하기 곤란합니다. 전문가로서 교사가 지녀야 할 전문성은 사범대학을 통해 완성되는 것이 아니라, 여타의 전문직처럼 오랜 기간의 경험과 학습 그리고 집중적이고 의도적인 실천 과정을 통해 지속적으로 발달합니다. 그래서 교사의 전문성 향상 과정은 아동 학습과는 다른 학습 내용, 학습 방법, 학습 목적 등이 요구됩니다.

본디 성인 학습자는 의존적이기보다는 자기 주도적이고, 미래를 위한 지식의 축적보다는 당면한 문제 해결에 관심이 많으며, 보편적 지식의 학습보다는 자신의 일상의 경험과 관련지어 학습하려는 속성이 강하지요. 교사 또한 성인 학습자이기 때문에 일방적으로 지식을 전달받기보다는 학교와 교실이라는 맥락을 기반으로 학습의 주체가 되어 자신의 전문성을 지속적으로 발달시켜 나가야 합니다. 이는 동료 교사와 더불어 자신이 교육자이며, 동시에 학습자가 되는 과정이며, 평생 동안 지속되는 평생학습과 발달의 과정입니다. 그렇다면 어떻게 지리 교사들은 학습에 참여하여 지속적으로 전문성을 발달시킬 수 있을까요?

이러한 맥락에서 지식의 사회적 성격을 강조하는 레이브(J. Lave)와 웽거(E. Wenger)의 상황학습이론이 주목받습니다. 예를 들어 하비와 매시가 과제를 작성하고 있다고 가정해 봅시다. 매시는 미모가 뛰어나 학과에서 누구나 좋아합니다. 얼굴이 예쁜 매시는 선배들에게 대신 과제를 작성해 달라고 부탁했습니다. 그래서 공부 잘하는 선배가 작성해 준 과제물로 최우수 등급을 받았습니다. 그러나 성실한 하비는 혼자서 열심히 자료도 찾아가면서 과제물을 작성했지만 그다지 좋은 등급을 받지는 못했습니다. 매

레이브(좌, 1942~), 웽거(우, 1952~)

시가 좀 얌체 같기는 하지요. 윤리적으로 부정직한 행위를 한 셈이니 비판받아야 합니다. 하비처럼 혼자서 열심히 공부하고 작성해서 과제를 제출해야지요.

그런데 레이브와 웽거는 이러한 생각에 이의를 제기합니다. 혼자서 과제를 수행하는 경우는 학교밖에 없다는 것입니다. 인생을 살아가면서 대부분의 경우는 타인과 도움을 주고받으면서 과제를 해결하는데, 유독 학교에서만 혼자 고립되어 독립적으로 과제를 수행한다는 것입니다. 그러다보니 학교에서 수행하는 과제는 인위적이고 작위적이며 억지스럽고 학생들에게 그다지 도움이 되지 않는다고 주장합니다. 만일 교실이 아니고, 직장과 사회 생활이었다면 매시는 유능한 사원으로 인정받았을 것입니다.

이처럼 상황학습이론은 전통적인 심리학, 교육학의 학습이론들과는 전혀 다른 시각에서 접근합니다. 아마도 경제지리학에서 학습 지역이나 지역 혁신 체계 등에서 배우는 학습이론과 유사할 것입니다. 경제지리학의 이론에서 지역 대신 교실이나 교사 모임을 대입하면 이해가 쉬울 듯합니다. 지식이란 팀워크의 결과물이 아니라 팀워크를 유지하는 과정 그 자체입니다. 지식이란 사람들이 상호작용하면서 형성하는 관계로 존재한다고 주장하는 것이지요. 따라서 학습은 시공간의 특정한 상황에 영향을 받으면서 발생한다고 하여 상황학습의 개념을 주창합니다. 여기서는 지식이란 사람들이 상호작용하면서 형성하는 관계, 즉 팀워크로 존재한다고 주장합니다. 이들은 학습이란 개인의 머릿속에서 일어나는 명제적 지식의 획득이 아니라, 사회적 공동체에 참여하는 형식이라고 주장합니다. 생활에서 절실히 필요한 관심사를 공유하는 전문가들의 모임이 바로 실천 공동체(community of practice)입니다. 레이브와 웽거는 실천 공동체에 초보로 참여하여 점차 숙련자(달인)가 되어 가는 과정이 바로 학습이라고 주장합니다. 공동체의 주변인에서 중심으로 변모되는 모습이 바로 학습이며, 이 과정을 합법적인 주변적 참여(LPP; Legitimate Peripheral Participation)라고 부릅니다. 여기서 '합법적'이라는 말은 다른 실천 행위와 구분되는 경계의 의미로 소속 방식을 의미합니다. '주변적'이라는 말은 더 깊은 참여를 통해 중심적이고 완전한 참여자가 될 수도 있지만, 완전한 참여자는 다시 주변적 참여자로 돌아올 수도 있는 유동적이고 개방적인 의미를 내포합니다.

학습은 공동체에서 공유하는 사회적 실천에 참여하는 과정이기에, 발달은 공동체의 주변적인 참여자에서 공동체의 중심적인 역할을 수행하는 완전한 참여자가 되는 것입니다. 완전한 참여자는 공동의 실천에 참여를 통해 사회적, 문화적으로 동화되어 그 집단의 완전한 구성원으로서 정체성이 확립된 상태를 의미합니다. 이때 참여는 공동체 구성원들과 특정한 관계를 맺는다는 것으로 쌍방향적인 소통이 중요한 기준이 되며, 소통한다는 것은 서로의 정체성을 인정한다는 의미입니다.

아마 여러분의 지리교육과 내 분과 활동에 적용해 보면 이해가 좀 쉬울 듯합니다. 동아리 모임을 통해 개인은 어떻게 발전해 가나요? 학년별로 역할은 어떻게 분담하는지요? 1학년은 분과 구성원으로 어떻게 가입하고, 정식 승인 과정을 거치게 되는지요? 2학년은 1학년을 어떻게 교육시키고, 3학년에게 일을 배우는지요? 3학년에서 2학년에게 일을 넘겨 주는 과정은 어떻게 이루어지는가요? 3학년은 이후 동아리 모임과 어떤 식으로 관계를 맺고 활동하는가요? 그리고 여러분의 동아리 활동에 적용해 보면, 동아리 모임을 통해 개인은 지리교육과 학생이라는 정체성을 어떻게 발전시켜 가는가요? 역할 분담을 통해 지배와 착취가 아니라 팀워크가 원활하게 이루어지는가요? 동아리 모임이 잘 운영되려면 어떤 조건이 필요한가요? 3학년은 이후 동아리 모임에서 후배들이 잘하도록 밥과 술을 자주 사주어야 하는가요?

이제 조금 이해가 되었으면, 교사들이 학습공동체에 참여하는 과정에서 전문성이 발달하는 과정을 알아보겠습니다. 김대훈 선생님이 상황학습이론을 적용하여 '전국지리교사모임' 참여자들의 전문성 발달 과정을 분석해 보니, 참여 교사들의 성장 과정은 4개의 단계로 나타났습니다. 이 연구의 내용을 원문 그대로 살펴보도록 하겠습니다.

제1단계. 열정으로 학교를 넘다.

'열정'은 일종의 정서이지만 행동을 동기화하는 강력한 추진력을 갖는다. 사람들은 열정을 통해 자신을 생성하고 변화시킨다. 학습공동체에 참여한 지리교사들은 열정을 가진 사람들이었다. 우리가 '열정적'이라는 표현을 쓸 때 일정 기간 이상의 시간과 노력 투입을 전제하는 것처럼 이들은 오랫동안 마음속 혹은 몸속에 내면화하고 있는 신념이나 정서를 지니고 있었다. 그것은 '좋은 지리교사에 대한 자기만의 신념' 아니면 '지리에 대한 무조건적인 사랑'이었다.

우선 참여자들은 좋은 지리교사에 대한 자기만의 신념을 갖고 있었다. 성직자적인 교사관을 강하게 갖고 있는 참여자가 있는가 하면, 자존감 있는 교사를 꿈꾸는 참여자도 있었고 좋은 교사가 되기 위해 배우면서 가르쳐야 한다는 믿음을 갖고 있기도 하였다. 둘째는 지리에 대한 무조건적 사랑이었다. 일부 참여자들은 어릴 적부터 지리를 좋아했을 뿐만 아니라 지리에 대한 열정을 함께 공유하고 확산시키고 싶은 마음을 갖고 있었다. 참여자들은 교사가 된 후 자신의 신념이나 정서를 유지하고 더 나은 실천으로 옮기기 위해 노력하였다.

하지만 현실은 그렇게 녹록치 않았다. 지리수업 자료는 빈약했고 학교 시설은 열악했다. 통합사회 수업에 대한 부담과 같은 구조적인 문제는 참여자들의 신념을 실현하는 데 또 다른 걸림돌이 되었다. 또 참여자들의 지리에 대한 애정을 함께 공감하고, 다른 사람들에게 전이시키고, 발전시키고자 하였지만 지리교사의 절대적 수가 적어 학교 안에서도 인근 지역에서도 뜻이 맞는 지리교사를 만나기가 어려웠다.

참여자들은 재미있고 의미있는 지리 수업과 활동을 통해 학생들에게 인정받고 싶었지만 현실적인 한계에 부딪혔고 이를 해결할 수 있는 능력도 부족했고, 의지도 약했다. 그래서 이들은 다른 돌파구를 찾았다. 학교 밖 협력이었다.

제2단계. 같은 공간, 다른 장소에 머물다.

참여자들은 지리수업에 대한 열정을 바탕으로 교사학습공동체에 입문하게 된다. 비록 초임자이긴 하지만 공동체의 일원으로 합법성을 부여받은 것이었다. 하지만 이들에게 공동체는 단지 물리적인 공간이었으며, 미지의 세계였다.

참여자들이 공동체에서 이루어지는 교사학습에 적응하는 것은 생각보다 어려웠다. 공동체에서의 학습은 분업과 협업을 반복하면서 이루어졌고 공동 과제 자체의 수준이 너무 높았기 때문에 짧은 교직 경력과 모임 경험을 가진 초임자에게 감당하기 어려운 것이었다. 이들은 대부분 신참 교사들로 학교 현장에 적응하기도 벅찼으며, 지리수업에 있어서도 수업 자료 제작보다는 교과서 내용과 대학 입시 문항을 숙지하기도 바쁜 상황이었다.

결국 참여자들은 공동의 과제를 수행하는 데 많은 고민과 갈등을 하였다. 참여자들에게 공동의 과제는 글자 그대로 '숙제'였다. 참여자들은 스스로 판단해도 불만족스러운 숙제를 들고 모임 참여를 고민하다가 모임장소로 발길을 돌리지만 예상대로 다른 구성원들로부터 칭찬보다는 비판을 많이 받게 되고 자신이 모임에서 약간 들러리 같다는 느낌을 받았다. 그래서 참여자들은 심리적으로 위축되어 토론을 중심으로 한 협업의 과정에서 별다른 말을 하지 못한 채 자리만을 차지하였다. 그리하여 참여자들은 공동의 과제 수행에 도움이 되지 못함을 미안하게 생각하며 모임 참여에 대한 개인적 신념과 현실의 능력 부족 사이에서 갈등을 하게 되고, 급기야 계속적인 모임 참여 여부에 대해서까지 심각하게 고민하였다.

특히 정서적인 낯섦은 심리적 갈등 현상을 더욱 강화시켰다. 기존의 모임 구성원들은 다양한 형태의 정서적이고 인간적인 교류와 교감을 통해 그들 나름대로의 정서적 유대감을 형성하였다. 하지만 끈끈한 정서적 유대감은 초임자가 공동체에서 교사학습을 수행하는 데 오히려 장벽 역할을 하였다.

결국 초임자와 경력자 모두 교사학습공동체라는 같은 공간에서 활동하지만 공간에 대한 의미부여는 사뭇 달랐다. 경력자들에게 공동체는 자기 발전과 편안함의 장소였지만 초임자들에게는 자기위축과 반성, 불안, 걱정의 장소였다.

제3단계. 인정 투쟁, 나만의 자리를 만들어 본다.

초임자가 낯선 공간의 불편함을 극복하고 경력자들처럼 정든 장소라는 소속감을 지니려면 다른 구성원들로부터 사회적으로 인정받는 과정이 필요하다. 참여자들이 협력적인 과제를 수행함에 있어 다른 구성원들에 대한 미안함을 극복하고, 구성원들로부터 인정을 받는 것은 고통과 인내를 수반하는 과정이었다. 기존의 대학이나 대학원 혹은 교사 연수에서의 학습은 주로 개인이 혼자 수동적으로 지식을 전달받는 과정이었지만, 공동체에서의 교사학습은 본인 스스로의 능동적인 개입이 있는 지식의 생산자로서 참여하는 과정이었다. 또 배움은 협업의 과정이기 때문에 절충과 타협을 위한 인내심과 자신이 뱉은 말에 책임을 지는 책임감이 요구되었다.

비록 가끔일지라도 열정과 성실 그리고 오랜 고민과 인내 끝에 떠오른 아이디어를 바탕으로 과제를 수행한 후 정기 모임에서 구성원들로부터 칭찬과 격려를 받게 되고, 동료들로부터 자기 계발에 대한 자극, 경력 교사들로부터의 멘토링 등을 통해 다양한 조언을 얻으면서 무언가 내가 지식을 생산하고 있고 배우고 있다는 것을 느끼기도 했다.

이 무렵 연구 참여자들은 모임의 공평한 업무 분담 원칙에 따라 모임의 총무나 회장과 같은 역할을 맡게 된다. 리더는 공동의 과제 수행의 목적을 정확하게 이해해야 하고, 다른 구성원들의 상황도 살피고 도움도 줘야 하며, 때로는 모임에서 민감한 문제를 건드려야 하기 때문에 참여자들에게 리더 역할은 또 다른 숙제였다. 하지만 한편으로는 자신의 존재 여부를 드러내고 구성원들로부터 인정을 받을 수 있는 기회이기도 하였다.

참여자들은 회장이나 총무와 같은 역할을 분담하면서 맡은 바 역할에 대한 책임감으로 더욱더 모임에 자주 그리고 적극적으로 참여했다. 이들은 개인의 시간과 정열의 많은 부분을 모임 활동을 위해 소비하게 되었으며, 일정 부분 희생을 감수해야 하는 상황도 경험하였다. 하지만 땀과 노력의 대가로 참여자들은 모임에 대한 소속감도 커지고 구성원들과의 빈번한 연락과 회의 진행으로 다른 구성원과 좀 더 가까워졌고, 그들에 대한 인간적 신뢰 관계도 형성되었다. 또 공통 과제의 기획자로 공동체의 비전에 대한 공유도 증가하게 되었다. 이러한 과정을 통해 참여자들은 점차 공동체에 대한 동일시 정도가 높아지고, 공동체 내 자신의 자리를 마련하기 시작했다 어떤 참여자는 모임의 방향을 제시하고 결단력을 보여 주면서 리더로 성장하기도 하였다. 물론 그 과정은 초임자와 경력자 간의 주변적 위치를 둘러싼 모순과 경합의 과정이기도 하였다.

제4단계. 모임을 체현한 나, 공동체에의 존재가 되다.

참여자들은 지속적인 참여 과정을 통해 조금씩 수업자료 개발 능력이 향상되었고, 지리수업의 질도 향상되었다. 어느덧 공동체 구성원들간 지리수업에서 유용한 실천적 지식들을 공유하고 자신의 실천적 지식을 검증받으면서 교사지식도 풍부해졌다. 이러한 일련의 과정을 통해 개인의 능력이 성장하고 때로는 증명받으면서 참여자들은 지리교사로서의 높은 자존감을 갖게 되었다.

이러한 자존감은 공동체 및 구성원에 대한 자긍심으로 연결되었다. 공동체 구성원들이 함께 성장하면서 구성원들의 합이 학자들보다 낫다고 생각하거나, 지리교사 집단 전체의 역량을 끌어 올리는 데 일조했다고 자부심을 갖고 있었다. 하지만 학습공동체의 현실적 문제와 미래의 불확실성에 대해서도 고민하고 있었다.

한편 참여자들의 활동은 점차 공동체 안에서만 머무는 것은 아니었다. 공동체를 넘어 다른 영역으로 확대되었다. 교과서 집필, 교양도서 출판, 전국연합학력평가나 대학수학능력시험 출제, 1정 연수를 비롯한 각종 교사 연수에서 강사, 국가교육과정 개발 참여 등으로 활동의 범위를 넓혔다. 하지만 '석사도 없는 나를 누가 불렀을까 하고 생각을 해보면 결국은 모든 것이 공동체에서 기원했다'는 한 참여자의 말처럼 참여자들이 다양한 방면에서 활동할 수 있었던 원천은 학습공동체였다.

이처럼 참여자들은 자신의 정체성을 학습공동체와 분리할 수 없기도 하지만, 동시에 학습공동체를 더 큰 학습공동체로 향해서 움직이도록 하는 존재인 것이다. 참여자들은 학습공동체에 닻을 내리고 있지만 더 넓은 지리교사 학습공동체를 지향하여 더 넓은 사회적 실천을 추구하는 적극적인 존재인 것이다.[1]

이러한 입장에서 교사 교육이 이루어지려면 교육평가는 어떻게 이루어져야 할까요?

■ 주석

1. 김대훈, 2015, 2015년 한국지리환경교육학회 하계학술대회 자료집, 121-125.

제20장

평가: 수업 비평을 통한 교육적 감식안의 심화

공동체 활동을 통한 교사의 전문성 발달을 어떻게 평가할 수 있을까요? 이러한 입장에서 보자면 교사 전문성 발달에서 핵심은 수업 전문성입니다. 그동안 수업 연구는 공학적 연구가 주류를 형성해 왔습니다. 논리실증주의가 사회과학을 풍미하던 시절, 모든 학문이 따라야 할 연구 방법의 모범은 바로 자연과학이었습니다. 실증주의를 비판하는 인간주의와 마르크스주의는 서로 기본적 입장은 크게 차이가 있지만, 둘 다 철학을 학문 연구의 모범으로 삼고 있다는 점에서는 동일합니다. 이제 포스트모더니즘은 학문 연구 방법론을 문예이론으로부터 도입하자고 주장합니다. 지금까지는 문예이론/미학과 사회과학/철학을 전혀 다른 영역으로 생각해 왔습니다. 과연 문예이론과 철학의 차이점은 무엇일까요?

철학은 진리에 대한 고집, 근원에 대한 집착을 특징으로 하며, 따라서 진지함을 그 태도로 합니다. 반면에 문예이론은 역설의 진리를 통해서 삶의 진실을 드러내고자 열망합니다. 삶의 긴장, 그 떨림을 전하고자 하는 자세를 특징으로 하며, 따라서 즐거움/유희의 태도를 지향합니다. 이제는 진리냐, 아니냐 하는 논의를 넘어서 연구를 통해서 보여 주고자 하는 삶의 진실은 무엇인가, 그것은 우리의 심금을 울리며 감동을 주는 것인가, 아니면 긴장 속에서 우리를 각성시키는가 등의 문제들이 중요하다고 주장합니다.

철학과 예술이 외형적으로 유사함에도 불구하고, 뚜렷이 구분될 수 있는 근거는 바로 진리의 다원성을 인정할 수 있느냐의 문제입니다. 철학에는 수많은 입장들이 존재하지만, 저마다 자신만이 유일한 진리이며, 다른 입장은 진리일 수 없다고 고집합니다. 그러나 예술에서는 자신이 형상화시킨 모습도 삶의 진리이지만, 타자의 시도도 삶의 또 다른 측면을 구현시켰다는 점에서 역시 진리일 수 있다고 인정합니다. 예술은 자신의 입장만이 유일한 진리라고 배타적으로 고집하지 않는다는 점에서 철학과 근본적으로 구분될 수 있습니다. 이 점에서 학문 탐구의 방법으로서 예술을 모범으로 삼자는 주장은 진리의 다원성을 인정하면서, 인식의 지평을 개방시키자는 선언입니다. 따라서 문예이론을 도입한다는 것은 단순히 문학작품(소설과 시), 미술 등에 나타난 장소감을 탐색하는 것 이상의 큰 파장을 내포하고 있습니다. 이러한 방법론적 입장은 실제 연구를 진행시키는

데 있어서 어떠한 차이를 가져올까요?

　포스트모더니즘의 영향은 철학에 근거한 방법론에서 문예이론에 근거한 방법론으로 전환함으로써, 수업 연구에서도 공학적 연구에서 탈피하고자 시도합니다. 수업에 영향을 미치는 변수는 교사와 학생, 수업 방법 말고도 무수히 많습니다. 교사가 수업에서 하는 역할을 오케스트라에 비유하면 지휘자에 해당합니다. 교실 내에서 일어나는 교육 현상의 풍부함과 복잡성은 양적으로 측정할 수 있는 변수들보다 훨씬 다양합니다. 수업에 영향을 미치는 수많은 변수들을 조율해 가며 하모니를 만들어 내는 일이기 때문입니다. 이 하모니란 분석적 방법이므로 연구해서 명제화시키기 힘들기 때문에 교육학 수업 모형에서는 그 미묘한 분위기를 포착해 내지 못합니다. 일반인들은 와인을 맛보고 맛없다, 맛있다고만 판단합니다. 그러나 소믈리에는 와인이 떫은맛과 신맛이 어떻게 어우러져 밸런스를 이루는지를 판단하여 좋은 와인과 그렇지 못한 와인을 구분합니다. 이것이 전문가의 능력입니다. 소믈리에는 오랜 경험과 훈련을 통하여 와인들 간의 미묘한 차이를 감지할 수 있게 됩니다. 교사도 오랫동안 주의 깊게 경험하면서 학생들의 수행 차이를, 일반인이 느끼지 못하는 미묘한 차이를 감지 할 수 있게 됩니다.

　교육학자 아이즈너는 이처럼 판단의 행위는 분석 능력뿐만 아니라 예술적 감각을 요구한다고 주장합니다. 그는 이러한 문제의식에서 문예비평의 방법을 도입하여 교육적 감식안의 개념을 주창합니다. 이는 교육적 현상을 관찰하고 해석하며 가치를 판단하는 일련의 행위에서 요구되는 능력입니다. 교육적 감식안을 수업 평가에 적용하면 수업 비평이 됩니다. 수업이란 과학이면서 예술의 성격도 지니고 있습니다. 과학적, 양적 접근으로는 수업의 예술적 측면을 이해하기 곤란합니다. 수업의 예술적 성격을 평가하려면 수업 비평을 도입해야 합니다. 즉 교육적 감식안이란 '교육 현상의 미묘한 질적 차이를 포착하는 눈'을 의미합니다. 교사는 이러한 교육적 감식안을 가지고, 교실 안팎에서 이루어지는 교육적 상호작용의 의미를 파악할 수 있어야 합니다.

그런데 교육적 감식안은 개인이 미묘한 질적 차이를 느끼는 것이기 때문에 주관적 성격이 강합니다. 자신이 감지한 것을 남들과 상호 소통하려면 언어로 형상화해야 공적 표현이 됩니다. 미묘한 질적 차이를 언어로 표현하는 일은 결코 쉽지 않습니다. 다음 사례는 대원고등학교 박상용 선생님의 지리 수업에 대한 이혁규 교수님의 비평입니다.[1]

수업 주제는 '주요 해안 지형의 형성과정'이며, 중요 개념은 시스택, 해식애, 파식대 등 해안 침식 지형과 사빈, 사주, 석호 등 해안 퇴적 지형입니다. 비평자는 교사가 이 일련의 개념들을 문답을 가미한 설명을 통해서 학생들에게 전달하고 있다고 해석합니다. 교사와 학생의 문답을 녹취한 대사를 서술하기 전에, 교사가 제시한 외돌개의 사진을 이렇게 묘사합니다. "쪽빛 바다와 푸른 하늘을 배경으로 솟아 있는 외돌개는 하얗게 빛이 났다. 바다와 바위가 어우러진 해안 풍경이 더운 교실을 식혀 줄 듯 시원스럽다." 이 아름다운 문장 덕분에 수업에 대한 해설이 보다 풍요해진 느낌입니다.

비평자는 수업 전개 과정을 해설한 다음, "이 수업은 표면을 보면 교사만이 역동적으로 움직이는 것 같지만, 동시에 교사의 친절한 안내를 따라 학생들도 교사가 제시하는 정보와 자료들을 왕래하면서 활발한 지적 탐구를 하고 있다."고 파악합니다. 비평이란 이처럼 수업을 표면이 아닌 심층 수준에서 통찰하는 안목을 보여 주는 활동입니다.

비평자는 이 수업에서 몇 가지 묘미를 파악해 냅니다. 우선 학생들을 수업에 끌어들이기 위해 학생들을 자극할 수 있는 코드를 많이 활용한다는 점을 파악해 냅니다. "연인과 데이트 하면 분위기가 좋은 곳"이라는 소개로 지형 학습에 아이들을 끌어들이는 것처럼 말입니다. 그렇지만 비평자는 진정한 묘미는 이런 측면을 훨씬 넘어서는 것이라고 지적합니다. 비평자는 "가르친다는 것은 그 가르침 없이는 학습자들이 스스로 알 수 없는 세계를 열어 보여 주는 것"이라고 제시합니다. 이혁규 교수님의 글을 직접 살펴 보겠습니다.

세계를 보는 눈을 열어 주는 성스러운 역할을 위해 교사는 일반적으로 두 가지 세계를 끊임없이 중재해야 한다. 하나는 열어 보여 주고자 하는 세계이고, 하나는 학습자의 세계이다. 교사는 이 두 세계를 매개하는 헤르메스이다. 헤르메스가 신의 언어와 인간의 언어에 통달해야 했듯이 교사도 이 두 세계에 정통해야 한다. 교사에게 그런 능력이 있어야 교실은 피가 끓는 학생들을 통제하는 요양소 이상이 될 수 있다.

박 선생님이 자기 고민과 연찬의 과정을 통해서 닿아 있는 지점은 헤르메스의 지점에 가깝다. 해안 절경에 대한 비교를 통해 시스택의 생성 원인을 유추하게 하는 장면이나, 만화와 사진을 이용해 석호의 생성 과정이라는 시간적 흐름을 가시적으로 보여 주는 것은 그런 모습의 한 단편이다. 그는 한국과 같은 입시 위주의 다인수 학급 상황 속에서도 교사가 하나의 세계를 학생들에게 열어 보이는 전령의 역할을 훌륭하게 수행할 수 있음을 보여 주고 있다.[2]

지금 소개한 이혁규 교수님의 교육 비평은 교실에서 일어나는 일련의 사태를 말로 생생하게 그려 내서, 단순히 교실 상황을 기술하는 것뿐만 아니라 수업 활동의 의미를 해석하고 그 가치를 찾아내 보여 주고 있습니다. 이처럼 아이즈너가 교육적 감식안과 교육 비평의 개념을 통해 설파하고자 했던 것은 바로 교육평가란 교육적 행위의 가치를 판단하는 일이어야 한다는 것입니다.

■ 주석

1. 이혁규, 2008, 수업, 비평의 눈으로 읽다, 우리교육, 68-70, 73.
2. 이혁규, 2008, 수업, 비평의 눈으로 읽다, 우리교육, 74.

어떤 지리 교사가 될 것인가?

프롤로그에서 지리 교육의 3대 전통을 소개하였습니다. 이 3대 전통을 교육학 사조와 관련지어 보면, 코메니우스의 전통은 인지심리학 및 계통 지리 교육과 관련됩니다. 루소의 전통은 구성주의와 관련됩니다. 근대 독일과 프랑스의 공교육 전통은 지역지리 교육과 관련됩니다. 지리 교사로서 나는 어떠한 입장을 선택해야 할까요? 선택의 기준으로서 우선 이 세 가지 입장이 전제하고 있는 교사관을 검토해 보겠습니다.

지역지리 교육의 경우, 국토애를 통한 애국심 함양이 교육 목적입니다. 애국자를 길러 내자는 것이지요. 국가를 발전시켜야겠다는 애국심에 불타는 인간입니다. 국가 발전의 열망이 남의 영토를 침범하는 형태로 나타날 수도 있으며, 때로는 국가 경쟁력 강화를 위해 국토의 합리적·효율적 이용을 추구하는 형태로 나타날 수도 있습니다. 여기서 교사의 관심사는 학생의 자아실현보다는 당시 국가와 사회가 요구하는 인간상, 바로 애국자 양성입니다. 이것은 학생이 요구한 것도 아니고, 교사가 요구한 것도 아닙니다. 위에서(정부가) 제시해 준 대로 실행하는 것이지요.

그래서 교사란 수업 잘하고, 담임과 업무 처리를 잘하는 사람이어야 한다고 보는 입장입니다. 그러나 자기가 무엇을 위해, 왜 일 하는지에 대해서는 깊이 고민할 필요는 없다고 생각합니다. 위에서(정부가) 제시해 준 대로, 주위에서(학부모가) 요구하는 대로 잘하기만 하면 된다고 보는 것이지요. 교실에서는 수업 잘하고, 담임으로서 생활 지도 잘하고, 교무실에서는 업무 처리를 잘하면 된다는 것이지요. 교육학의 논의를 대입하면 수업 상황에 영향을 미치는 제반 변수들을 통제하는 관리자, 매니저라고 할 수 있습니다. 이러한 입장은 교사란 상황이 요구하는 역할과 기능을 충실히 수행하는 존재라고 생각한다는 점에서 '기능인으로서의 교사관'이라고 이름 붙일 수 있습니다.

그러면 계통지리 교육에서는 어떠한 교사관을 전제로 하고 있을까요? 여기서 교육 목적은 지리적 마인드를 내면화하도록 도와주는 것입니다. 그러나 지리학자를 양성하는 일이 일차적 목적은 아닙니다. 지리학자가 되지 않더라도 지리적 안목을 가지고 살아가도록 부추기는 것입니다. 그렇게 세상을 바라보면 세상이 달리 보이고, 그러면 발견의 희열을 느끼기 때문입니다. 지리학에 몰입해서 세상과 담쌓고 다른 일에는 신경 끄고 사는 것이 아닙니다. 사유하는 이성적 존재로서 세상을 바라보고, 그래서 세상이 새롭게 보이고 그 경험이 희열로 느껴지는 데 지리적 마인드가 밑거름 역할을 할 수 있다는 것이지요.

바둑이나 낚시처럼 사람들이 취미로 즐기는 활동은 사실 돈이 되지 않는 일이 많습니다. 공부도 마찬가지입니다. 돈이 되지 않는 공부가 제일 재미있습니다. 부동산 투자를 위한 입지론 공부보다 여행의 즐거움을 위한 세계지리 공부가 훨씬 재미있습니다. 이러한 일은 생업과는 무관한 것이지요. 그런데 진지한 학문 탐구가 재미있는 공부가 되기는 쉽지 않습니다. 자기 혼자 일상생활 속에서 공부하기란 더더욱 어렵습니다. 그러려면 모학문(지리학)에 내재된 지식의 구조에 따라 인지 구조가 바뀌어야 합니다. 이러한 변화는 학교에서 교사로부터 오랜 시간 동안 체계적으로 배워 나가야 가능합니다.

　교사를 기능인으로 보는 입장에서는 교사 스스로 배움의 즐거움, 새로운 눈으로 세상을 보는 기쁨, 그 깨달음을 포착하지 못한다는 점이 한계입니다. 계통지리 교육에서 전제하는 교사는 자기가 깨달은 안목을 남에게도 알려 주고 싶어 하는 존재입니다. 그래서 이 일을 잘하기 위해 학교가, 교육이 어떠한 모습이어야 하는지를 고민하게 됩니다. 그러는 과정에서

세 가지 유형의 교사관

자신이 소중하게 생각하는 지리적 마인드가 삶에 어떤 의미가 있는지 자문하면서 생각의 폭이 넓어지고 깊어지게 됩니다. 이처럼 교사란 모학문의 내공을 토대로 생각의 폭과 깊이가 열린 사람이라고 전제한다는 점에서 '교양인으로서의 교사관'이라고 할 수 있습니다.

이제 생활세계의 지리 교육을 살펴볼 차례입니다. 여기서 교육 목적은 지리를 수단으로 해서 학생들이 자아실현을 할 수 있도록, 자기 성장을 하도록 도와주는 것입니다. 이러한 성장 과정에서 중요한 것은 지식보다는 정서, 감정의 측면일 것입니다. 그래서 지식 구성을 통한 자존감 향상을 교육 목적으로 강조합니다. 주관적 의미 부여를 통해 지식을 구성해 가는 과정에서 자신감과 성취감이 생기고, 그래서 자존감이 생겨야 자기 계발을 위해 노력하면서 남과 더불어 사는 법도 배울 수 있기 때문입니다. 그러려면 학생들을 더 나은 삶을 위해 노력하는 존재로 인정하고, 학생들을 인격체로서 존중해야 합니다. 학습 과정에서 삶의 의미를 발견하면서 자신의 정체성이 변화되어야 하기 때문입니다.

이 세상에 사는 사람 중 누구도 태어날 때부터 제 손으로 밥을 먹고, 스스로 대소변을 가린 사람은 없습니다. 주위의 도움을 받다가 나이가 들어가면서 마침내 스스로 할 수 있게 된 것이지요. 학습도 마찬가지입니다. 처음부터 모든 것들을 완벽하게 할 수 있는 사람은 없습니다. 그런데 학습 과정에서 일방적으로 남의 도움만 받는다면 자존감이 형성될 수 없습니다. 그래서 교사는 아무리 옳은 길이라고 할지라도 학생들을 일방적으로 이끌려고 하기보다는 옆에서 함께 길을 가면서 후원해 주는 존재가 되어야 합니다. 교사는 직접 운전을 해 주기보다는 학생이 스스로 운전하도록 도와주는 내비게이션이 되어야 합니다. 밥을 먹는 아이가 흘린다고 평생 동안 떠먹여 주는 것처럼 어리석은 일이 또 어디 있겠습니까? 이러한 교사관은 '배려자로서의 교사관' 또는 '촉진자, 조력자로서의 교사관'이라고 할 수 있습니다.

현실의 지리 교육과정은 지역지리, 계통지리, 생활세계의 3대 전통을 모두 포함하고 있습니다. 그런데 처음부터 복잡한 절충안들을 이해하기는 쉽지 않습니다. 그래서 우선 3대 전통을 하나씩 설명했던 것입니다. 3대 전통들을 어떻게 종합하면 바람직한 절충안을 개발할 수 있을까요? 우선 교육이 지향하는 목적이 분명하고, 이를 실행할 방법과 절차가 구체적이고 명료해야 합니다. 저는 그 준거로서 세 가지 교사관을 방금 설명하였습니다. 자, 이제 여러분은 어떤 지리 교사가 되렵니까?

참고문헌

그레이브스(Graves, Norman J., 이희연 역), 1984, 지리교육학개론(Geography in Education), 교학연구사.

그레이브스(Graves, Norman J., 이경한 역), 1995, 지리교육학 강의(New Unesco Source Book for Geography Teaching), 명보문화사.

김대훈, 2014, 교사학습공동체 참여를 통한 지리교사 전문성 발달: 근거이론적 접근, 한국교원대학교 대학원 지리 교육과 박사 학위논문.

김용선, 1992, 피아제론과 반피아제론, 형설출판사.

김원일, 1985, 바람과 강, 문학과지성사.

김은영, 2009, 나는 런던의 수학 선생님, 브레인스토어.

김정환, 1974, 페스탈로찌의 생애와 사상, 박영사.

남상준, 1999, 지리교육의 탐구, 교육과학사.

뒤르켕(Durkheim, Emile, 이종각 역), 1978, 교육과 사회학(Éducation et sociologie), 배영사.

듀이(Dewey, John, 이홍우 역), 2007, 민주주의와 교육(Democracy and Education), 교육과학사.

디포(Defoe, Daniel, 김병익 역), 1993, 로빈슨 크루소(Robinson Crusoe), 문학세계사.

래스·하민·사이먼(Raths, Louis E.·Harmin, Merrill·Simon, Sidney B., 정선심 외 공역), 1994, 가치를 어떻게 가르칠 것인가(Values and Teaching), 철학과현실사.

레이브·웽거(Lave, Jean·Wenger, Etienne, 전평국 외 공역), 2000, 상황학습(Situated Learning: Legitimate Peripheral Participation), 교우사.

로저스·프라이버그(Rogers, Carl R.·Freiberg, H. Jerome, 연문희 역), 2011, 학습의

자유(Freedom to Learn), 시그마프레스.

로크(Locke, John, 임채식 외 공역), 1993, 미래를 위한 자녀교육(Some Thoughts Concerning Education), 양서원.

루소(Rousseau, Jean Jacques, 정봉구 역), 1984, 에밀(Émile), 범우사.

류시화, 1998, 지금 알고 있는 걸 그때도 알았더라면, 열림원.

류재명, 1999, 지리교육철학강의, 한울.

리트(Leat, David, 조철기 역), 2012, 사고기능 학습과 지리수업 전략(Thinking through Geography), 교육과학사.

매슬로(Maslow, Abrahamson H., 정태연 외 공역), 2005, 존재의 심리학(Toward a Psychology of Being), 문예출판사.

모건·램버트(Morgan, John·Lambert, David, 조철기 역), 2012, 지리교육의 새 지평: 포스트모더니즘과 비판지리교육(Geography: Teaching School Subjects 11-19), 논형.

바(Barr, Robert, 최충옥 외 공역), 1993, 사회과 교육의 이해(The Nature of the Social Studies), 양서원.

바크(Bach, Richard, 김진욱 역), 1999, 갈매기의 꿈(Jonathan Livingston Seagull), 범우사.

박승배, 2013, 교육평설, 교육과학사.

뱅크스(Banks, James A., 최병모 외 공역), 1989, 사회과교수법과 교재연구(Teaching Strategies for the Social Studies), 교육과학사.

벤저민(Peddiwell, Abner, 김복영 외 공역), 1995, 검치호랑이 교육과정(The Saber Tooth Curriculum), 양서원.

브루너(Bruner, Jerome S., 이홍우 역), 1974, 교육의 과정(The Process of Education), 배영사.

브루너(Bruner, Jerome S., 강현석 외 공역), 2014, 교육의 문화(The Culture of Education), 교육과학사.

블룸(Bloom, Benjamin S., 임의도 외 공역), 1983, 교육목표분류학(Taxonomy of Educational Objectives, Handbook I : Cognitive Domain), 교육과학사.

비고츠키(Vygotsky, Lev Semenovich, 배희철 외 공역), 2011, 생각과 말(мышле
  ние и речь), 살림터.

사토 마나부(佐藤學, 박찬영 역), 2011, 아이들을 어떻게 가르칠 것인가(敎育の 方法),
  살림터.

생텍쥐페리(Saint-Exupéry, Antoine Marie-Roger de, 김현 역), 1973, 어린 왕자, 문
  예출판사.

서찬기, 1974, 한국 농업의 공간 모델에 관한 연구-집약도분포와 그 회귀분포-, 지리
  학, 제9호, 1-18.

서태열, 2005, 지리교육학의 이해, 한울.

송언근, 2009, 지리하기와 지리교육, 교육과학사.

스카프(Scarfe, Neville V., 김경성 역), 1959, 신지리교육의 지침(A Handbook of
  Suggestions on the Teaching of Geography), 동국문화사.

심광택, 2007, 사회과 지리 교실수업과 지역 학습, 교육과학사.

심미혜, 2001, 미국교육과 아메리칸 커피, 솔.

아리타 가츠마사(有田和正, 이경규 역), 2001, 교사는 어떻게 단련되는가(名人への道.
  社会科教師), 우리교육.

아이즈너(Eisner, Elliott, 이해명 역), 1983, 교육적 상상력(The Educational Imagi-
  nation: on the design and evaluation of school programs), 단국대학교출판
  부.

요시모토 히토시(吉本均, 박병학 역), 1994, 수업과정의 인간화(授業の原則: 呼応の
  ドラマをつくる), 교육과학사.

워커(Walker, Decker F., 허숙 외 공역), 2004, 교육과정과 목적(Curriculum and
  Aims), 교육과학사.

이간용, 2014, 재미와 의미를 담아내는 지리학습의 설계, 교육 과학사.

이경한, 2004, 사회과 지리 수업과 평가, 교육과학사.

EBS 아기성장보고서 제작팀, 2009, 아기성장보고서, 예담.

이인화, 1992, 내가 누구인지 말할 수 있는 자는 누구인가, 세계사.

이중환(이익성 역), 2002, 택리지, 을유문화사.

이혁규, 2008, 수업, 비평의 눈으로 읽다, 우리교육.

이홍우 외, 2003, 교육과정이론, 교육과학사.

이홍우, 1992, 증보 교육과정탐구, 박영사.

이홍우, 2009, 교육의 개념, 문음사.

장효선, 2014, 장소 내러티브를 활용한 '관계 맺음'과 '소통'의 지리 수업 연구, 한국교
　　원대학교 대학원 지리교육과 석사 학위논문.

조상식, 2006, 루소 학교에 가다, 디딤돌.

조세희, 1978, 난장이가 쏘아올린 작은공, 문학과 지성사.

조철기, 2014, 지리교육학, 푸른길.

지루(Giroux, Henry, 성기완 역), 2001, 디즈니 순수함과 거짓말(The Mouse That
　　Roared), 아침이슬.

지리교사모임지평, 1999, 지리로 보는 세상, 문창출판사.

KBS 문명의 기억 지도 제작팀, 2012, 문명의 기억 지도, 중앙북스.

코메니우스(Comenius, Johann Amos Comenius, 이원호 역), 1998, 세계도회(Orbis
　　Sensualium Pictus), 아름다운세상.

코완(Cowan, Andrew, 김경숙 역), 1997, 나무(Common Ground), 영림카디널.

타일러(Tyler, Ralph, 이해명 역), 1987, 교육과정과 학습지도의 기본원리(Basic Prin-
　　ciples of Curriculum and Instruction), 교육과학사.

테일러(Talyor, Liz, 조철기 외 공역), 2012, 교실을 바꿀 수 있는 지리수업설계(Re-
　　presenting Geography), 교육과학사.

파머(Palmer, Parker J., 이종인 외 공역), 2013, 가르칠 수 있는 용기(The Courage to
　　Teach. Exploring the Inner Landscape of a Teacher's Life), 한문화.

펜스터마처·솔티스·생어(Fenstermacher, Gary D.·Soltis, Jonas F.·Sanger, Mat-
　　thew N., 이지현 역), 2011, 가르침이란 무엇인가(Approaches to Teaching),
　　교육과학사.

폴라니(Polanyi, Michael, 표재명 외 공역), 2001, 개인적 지식: 후기비판적 철학을 향
　　하여(Personal Knowledge: Towards a Post-Critical Philosophy), 아카넷.

프레이리(Freire, Paulo, 남경태 역), 2009, 페다고지(Pedagogy of the Oppressed), 그

린비.

피엔·거버(Fien, John·Gerber, Rod, 이경한 역), 1999, 열린 지리수업의 이론과 실제 (The Geography Teacher's Guide to the Classroom), 형설출판사.

피터스(Peters, Richard S., 이홍우 외 공역), 2003, 윤리학과 교육(Ethics and Education), 교육과학사.

한희경, 2010, 대화적 공간으로서의 지리 교실 읽기: 제3공간으로의 국면 전환 가능성 탐색, 한국교원대학교 대학원 지리교육과 박사 학위논문.

한희경, 2013, '장소를 촉매로 한' 치유의 글쓰기와 지리 교육적 함의: '나를 키운 장소' 를 주제로 한 적용 사례, 대한지리학회지, 48(4), 589-607.

허스트·피터스(Hirst, Paul H.·Peters, Richard S., 문인원 외 공역), 1986, 교육의 재음 미(The Logic of Education), 배영사.

헐버트(Hulbert, Homer), 1891, ᄉ민필지(2006, 허버트 박사 기념사업회 복사본).

호리오 데루히사(堀尾輝久, 심성보 외 공역), 1997, 일본의 교육(教育入門), 소화.

Ausubel, D., 1963, *The Psychology of Meaningful Verbal Learning*, New York: Grune and Stratton.

Balchin, W. and Coleman, A., 1965, Graphicacy should be the Fourth ace in the Pack, Times Educational Supplement, Nov. 5th, reprinted in Bale, J. et al., (eds), 1973, *Perspectives on Geographical Education*, Edinburgh : Oliver & Boyd, 78-86.

Bustin, R., 2011, The Living City: Thirdspace and the Contemporary Geography Curriculum, *Geography*, 96(2), 60-68.

Bustin, R., 2011, Thirdspace : Exploring the Lived Space of Cultural 'Others', *Teaching Geography*, 36(2), 55-57.

Catling, S. J., 1978, Cognitive Mapping Exercises as a Primary Geographical Experience, *Teaching Geography*, 3(3), 120-123.

Catling, S. J., 1978, The Child's Spatial Conception and Geographical Education, *Journal of Geography*, 77(1), 24-28.

Chevallard, Y., 1985, *The Didactical Transposition*, Grenovel, France: Le Pansee Sauvage.

Claval, P., 1978, The Aims of the Teaching of Geography in the Second Stage of French Secondary Education, in Graves, N. J., ed., *Geographical Education: Curriculum Problems in Certain European Countries with Special Reference to the 16-19 Age Group*. Papers Presented at a European Conference on the 16-19 Geography Curriculum(London, England, March 30-April 1, 1978), 159-166.

Elden, S. and Mendieta, E., (eds.), 2011, *Reading Kant's Geography*, Albany: SUNY Press.

Fien, J. and Gerber, R., (eds.), 1988, *Teaching Geography for a Better World*, 2nd (ed.), Edinburgh: Oliver & Boyd.

Fink, L. D., 2013, *Creating Significant Learning Experiences: An Integrated Approach to Designing College Courses*, John Wiley & Sons.

Gold, J. R. et al., 1991, *Teaching Geography in Higher Education: a Manual of Good Practice*, Oxford: Blackwell.

Kolb, D., 1976, *Learning Style Inventory: Technical Manual*, Boston: McBer and Company.

Kurfman, D. G. ed., 1970, *Evaluation in Geographic Education*, National Council for Geographic Education.

Naish, M., Rawling, E. and Hart, C., 1987, *Geography 16-19. The Contribution of a Curriculum Project to 16-19 Education*, Harlow: Longman.

Pattison, W., 1970, The Educational Purposes of Geography, in Kurfman, D. G. ed., 1970, *Evaluation in Geographic Education*, National Council for Geographic Education, 17-26.

Piaget, J. & Inhelder, B.(Trans. by Langdon, F.J. & Lunzer, J.L.), 1956, *The Child's Conception of Space*, London: Routledge & Kegan Paul.

Schön, D. A., 1983, *The Reflective Practitioner: How Professionals Think in Ac-*

지리교육학 강의노트

tion, New York: Basic Books.

Shulman, L. S., 1987, Knowledge and Teaching: Foundations of the New Reform, *Harvard Educational Review*, 57(1), 1–22.

Slater, F., 1982, *Learning Through Geography*, London: Heinemann Educational Books.

Slater, F. ed., 1989, *Language and Learning in the Teaching of Geography*, London: Routledge.

Soja, E., 1996, *Thirdspace*, Oxford: Blackwell.

Thralls, Zoe A., 1958, *The Teaching of Geography*, Appleton−Century−Crofts.

Vidal de la Blache, P., 1903, *Tableau de la Géographie de la France*, Paris: Hachette.

찾아보기

지리교육학 강의노트

초판 1쇄 발행 2015년 10월 15일
초판 3쇄 발행 2024년 3월 27일

지은이 권정화

펴낸이 김선기
펴낸곳 (주)푸른길
출판등록 1996년 4월 12일 제16-1292호
주소 (08377) 서울특별시 구로구 디지털로 33길 48 대륭포스트타워 7차 1008호
전화 02-523-2907, 6942-9570~2
팩스 02-523-2951
이메일 purungilbook@naver.com
홈페이지 www.purungil.co.kr

ISBN 978-89-6291-297-5 93980